行家都該知道的
高獲利行銷術

村松達夫——著
江裕真——譯

15種方法，幫產品
有感加值，再貴也能賣到翻！

高くても飛ぶように売れる客単価アップの法則——「安くなければ売れない」は間違いです

不要只顧著推銷自己公司的產品，應該將焦點放在如何引導顧客的潛在需求，如此一來，就不需要一再重複那些無用的推銷語言，也不需要削價競爭了。

——村松達夫

前言

何謂「高消費力顧客行銷」？

問你一個問題。

1．將暖氣設備賣給夏威夷的有錢人；2．將高級轎車賣給愛車的普通上班族。如果一定要選擇其中一個的話，你會選哪一個呢？（假設暖氣設備與高級轎車的利潤相同）

雖然夏威夷的有錢人不需要暖氣，但是因為他們閒錢很多，所以只要能夠巧妙地說服他們，也許就會買下來了。

另一方面，上班族原本就很愛車，因此只要提出他們能夠負擔的貸款方案，也許就會買下來了。

話雖如此，由於這兩樣東西都是高價商品，要讓對方買下來並不容易。

在利潤相同的情況下，必須思考的是成功的機率，也就是勝算。

看到我的職稱「吸引高消費力顧客的顧問」，或許你會認為：「啊哈！這本書要教我們的應該是如何找到像夏威夷有錢人那樣的客戶，即使是『不必要的東西』也能巧妙推銷給對方的方法吧？」

不過，答案正好相反，本書要討論的目標客群反而是「愛車的普通上班族」。因為這邊成功的機率比較高，也就是可以預期獲得較多的利潤。

這是為什麼呢？

因為**現在的消費者，對於自己覺得「這個東西我需要！說什麼都想要！」的商品，即使節省生活費、辦長期貸款，也會想盡辦法籌到購買的經費**。事實上，我們身邊應該有很多人開的是高級轎車，午餐吃的卻是便利商店的便當吧。

反過來說，如果顧客不想購買某件商品，經常會以「沒錢」作為理由，然而實際上其中隱含了「這個商品並不會讓我想花錢買」的真心話。

因此，即使是有錢人，對於他們不需要的東西、感受不到魅力的東西，也一樣會推說「沒錢」吧。

也就是說，接下來要告訴各位的「吸引高消費力顧客行銷法」，**關鍵不在於客人有沒有錢，而是讓顧客覺得「說什麼都想要」、「即使很貴也想買」，一舉提升貴公司的商品價值。**

只要採取這套做法，就能**跳脫價格競爭的困境**。此外，由於**客單價得以提高**，比起其他同業將更能實現富足的商務人生。

↓跳脫「忙得要命，卻賺不到錢」的循環吧！

為什麼讓顧客認為「即使再貴也想擁有」是一件很重要的事呢？因為若以低價當成賣點的話，就會陷入「忙得要命，卻賺不到錢」的惡性循環。

不注重「提高客單價」將會導致嚴重的後果。話雖如此，市面上一堆經營研討會和商業書籍卻只告訴大家集客的技巧，極少告訴大家提高客單價的重要性。

可以想見，主要的原因在於大部分人都覺得「在這種不景氣的情況下，不可能提高客單價」。不只是經營者本身，就連企管顧問也放棄了這件事。

另一個原因則是大多數經營者通常認為「只要辦個特賣會之類的活動，讓消費者來熱鬧一下，感覺比較安心」。

然而，如果繼續這樣下去，將會永遠無法擺脫「忙得要命，卻賺不到錢」的惡性循環。只要冷靜思考，相信不論是誰都能明白這個道理。

因此，我決定公開自己擔任顧問的這段期間，直到目前為止**實際用來提高客單價的各種方法**。

順帶一提，「吸引高消費力顧客行銷法」是我自創的詞彙，主要是希望各位將重點放在**如何吸引「高消費力顧客（即使再貴也會購買的顧客）」**。

或許會有人誤以為這是一種拉攏有錢人的行銷方式，因而覺得「我們公司不賣高級品，所以與我們無關」，事實上並非如此。本書所彙整的做法，全都是個人經營的超市與小餐廳也能充分運用的提高客單價祕訣。

首先，第一章將具體說明**為什麼提高客單價比增加來客數重要**，再來則說明**其實消費者也**

希望客單價提高**。**

接著，第二章將解說「吸引高消費力顧客行銷法」的全貌；第三、四、五章則帶領各位在十五天的時間裡，學會十五種具體的做法。

最後，第六章以故事的形式，讓讀者了解這些方法如何活用在實際的營業現場；第七章則是補充提醒，指出多數經營者在實踐這些方法時經常掉入的幾個心理陷阱。

那麼，且讓我一面祈禱本書能夠成為各位事業發展的契機，一面開始介紹本書的內容吧。

吸引高消費力顧客的顧問　村松達夫

目次
CONTENTS

第1章 增加來客數VS提高客單價，應該選擇哪一個？

第2章 即使「漲價」，顧客也會前來消費的三個祕訣

第5章 讓顧客覺得「想要」！增加「期待感」的方法

第6章

這麼做一定行！「提高客單價」的三種模式

第7章 沒注意到這些地方就會失敗！心理的陷阱 213

第 1 章

增加來客數VS提高客單價，應該選擇哪一個？

光是「增加來客數」，忙得要命又賺不到錢

↓「顧客增加＝公司賺錢」是真的嗎？

「集客行銷」在這幾年成為一股潮流，市面上也出現無數的相關書籍或研討會。不論是以傳真方式發送的DM、報紙廣告或是SEO網路行銷策略（讓公司網站在搜尋引擎上名列前茅的策略）等等，有各式各樣的做法。簡而言之，就是「將顧客帶到你的公司或店面來」、增加來客數的方法。

增加來客數確實很重要，原本空盪盪的店家一旦變得熱鬧無比、原本靜悄悄的辦公室電話一旦開始響個不停，似乎就會讓人產生「正在賺錢」的美好感覺。

我並不是要否定「增加來客數」這一點，況且在從事企管顧問的工作時，我也會運用集客行銷的手法協助客戶。

問題在於，許多經營者的腦袋只深信「顧客增加＝公司賺錢」這個單純的公式。

然而，實際上，顧客人數的增減與公司的盈虧未必是正相關的。

即使客人減少，仍然有可能賺錢——不，應該說，**有不少情況是縮小顧客範圍後，利潤反而增加了**。

其實在我協助的企業之中，有很多經營者正在體驗「顧客人數雖然減少，利潤反而提升」的離奇現象。**只要採取「高消費力顧客行銷」的手法，這件事並不那麼困難。**

↓並不是增加顧客人數就夠了

不要再過度沉迷於增加顧客人數了。因為，一旦將心力都花在招徠顧客上頭，就會出現「顧客增加、利潤卻沒什麼增加」的現象。也就是說，公司會變得「忙碌不堪，卻不賺錢」。

事實上，即使成功增加了來客數，然而收益卻變得比以前更差、陷入經營困境的公司並不少見。

為什麼會這樣呢？**原因在於顧客一增加，隨之而來的成本也會增加。**

以人事成本而言，來客數增加的話，客人的等待時間就會變長，必須花費更多時間招呼他們，若是處理不當就容易出現客訴。因此，不得不增加人事成本、雇用更多人手。

此外，為了滿足多數顧客的需求，商品種類必須充足。為了維持商品種類的豐富性，容易衍生庫存過多的問題。

同時，隨著來客數、員工以及庫存的增加，不得不擴大辦公室或店面的規模，導致成本又增加了。在這種情況下，如果向銀行追加貸款的話，每個月的還款金額也會增加。

如此一來，雖然營收增加，但是支出也會增加；所以，**顧客人數雖然成長了兩倍，利潤卻沒有變成兩倍**。

這就是「忙得要命，卻賺不到錢」的原因。

以圖形來解釋的話，大致如同左頁。

而且，萬一將來顧客減少了，就會變得更加辛苦。因為員工無法說裁撤就裁撤，為了擴大店面而增加的貸款也必須繼續償還。到了最後，經營狀況很可能反而比起之前還糟。

經過這樣的說明，各位應該明白，為什麼顧客人數一直增加未必是件好事了吧？

那麼，應該怎麼做才好呢？

與其著重於增加來客數，不如先將焦點放在**提高客單價**。

➡「顧客增加＝公司賺錢」是真的嗎？

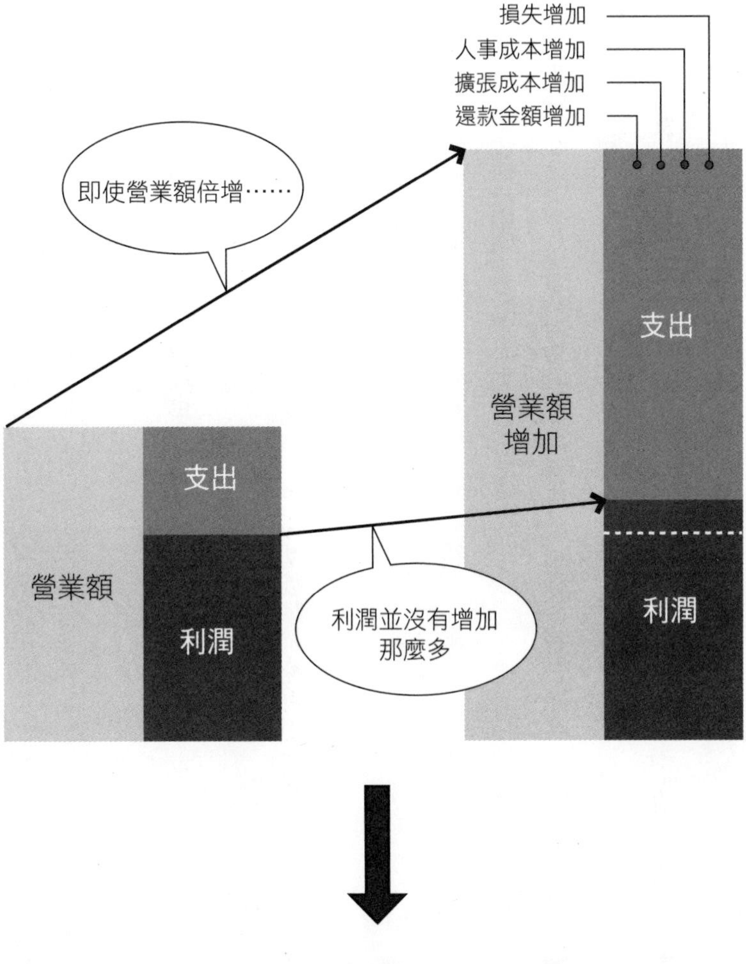

營業額倍增，然而支出也會增加，因此雖然忙得要命，卻賺不到錢

客單價的提升，並不等同於來客數的增加，因此不會發生前述的風險。提高客單價的目的是促使上門的客人多買一個、購買更高等級的產品，或是提高商品的價格，不需要增加人事費用或是擴張成本。

因此，**隨著營收的增加，利潤也會確實增加**。

首先要做的是藉由提高客單價，將公司的體質調整為「不須刻意增加顧客人數，也能確實賺到充足利潤」。做到這一點之後，如果想要增加來客數，再運用集客行銷。這才是正確的順序。

各位覺得如何呢？

或許有人會持反對意見：「這樣做如果行得通，我就不必那麼累啦；就是因為客人只想買便宜貨，才會這麼辛苦嘛！」

不必擔心，因為**八成的消費者都具有成為「高消費力顧客（即使再貴也會購買的顧客）」的潛力**。關於這一點，接下來會詳加說明。

各位只要依循「將客人變成高消費力顧客」的機制，落實「吸引高消費力顧客」的技巧，這樣就可以了。至於具體的方法，將從第二章開始詳細說明。

↓跳脫產品的生命週期！

如果只是增加來客數，就會陷入又忙又賺不到錢的困境。針對這一點，我們可以用「產品生命週期理論」來驗證。

首先，請各位看看第二十八頁的圖表，這是大家熟悉的「產品生命週期」圖形。

如圖所示，雖然我們知道產品的銷售額會在「成熟階段」達到高峰，卻往往忽略了其他的重點：**一旦銷售額抵達巔峰，利潤就會下降**。主要原因除了前面提到人事等各項成本的增加之外，也包括同業加入而引發的「價格競爭」，以及為了招徠顧客而「增加廣告宣傳費用」等等。

一旦進入價格競爭，就必須降價，售價無法提高。這麼一來，客單價與利潤當然就會減少。不過，由於來客數大幅增加，足以彌補減少的利潤。

這就是「成熟階段」。

然而，無論營業額再怎麼增加，成本都會更高，因此利潤會漸漸減少。

也就是說，以「產品生命週期理論」來看，同樣可以得知：一旦到了同行競爭者也加

➡ 從產品生命週期來看營業額與利潤

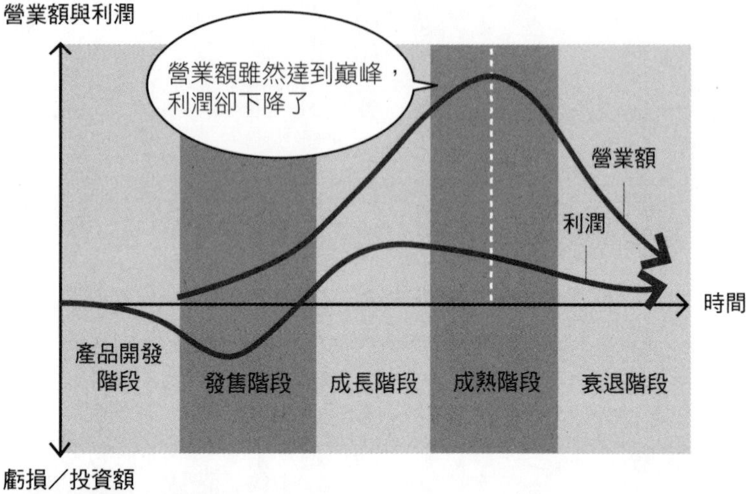

① 產品開發階段	這個階段是從企業提出新產品的構想開始。這個時期，營業額是零，投資額則不斷增加。
② 發售階段	在這個階段，產品進入市場，營業額漸漸增加。但是因為發售階段投入許多資金，利潤幾乎等於零。
③ 成長階段	市場快速接受商品，利潤漸漸增加。
④ 成熟階段	由於大部分的潛在需求都已經發掘出來了，營業額的成長趨緩；為了在競爭市場維持自身商品的銷售力，行銷支出增加，致使利潤持平或減少。
⑤ 衰退階段	營業額下滑，利潤減少。

※根據菲利浦・科特勒（Philip Kotler）與蓋瑞・阿姆斯壯（Gary Armstrong）合著的《行銷學原理》製成

入的「成熟階段」，便無法單以增加來客數維持利潤了。

然而，現在已經進入「成熟階段」的產業，要怎麼做才能脫離這樣的狀況呢？

能讓你跳脫這種困境的正是「**高消費力顧客行銷**」，它是**唯一能幫助你跳脫產品生命週期、避免價格競爭、抑制成本、提高利潤的突破點**。

按照「提高客單價↓增加來客數」的順序發展，就會成功！

↓何謂提高客單價？

所謂「提高客單價」，就是**讓每位顧客的平均購買金額增加**。針對如何增加來客數這個部分，大家已經知道了許多技巧，然而卻不太了解提高客單價的方法。

因此，我先為大家簡述一下內容吧。

舉例來說，假設某家酒行有位常客A先生，每個星期會來買一次酒。

請先想像這位A先生購買一瓶一千日圓紅酒的狀況——此時的銷售額是一千日圓。

然而，如果能下苦功製作POP海報等宣傳品，讓A先生覺得「咦，這款紅酒好像不錯」，於是購買一瓶兩千日圓的紅酒，此時的銷售額就會變成兩千日圓。

接著，如果再搭配「買兩瓶、送贈品」的特賣活動，促使A先生購買兩瓶那款紅酒，將會如何呢？

毋庸置疑，兩千日圓的紅酒兩瓶，銷售額就變成了四千日圓對吧。

此外，如果藉由舉辦「試飲會」等活動，讓原本每星期來買一次紅酒的A先生，變成每星期來買兩次的話，將會如何呢？

購買兩千日圓紅酒兩瓶的客人，從每個星期來一次變成來兩次，那麼每週的銷售額就會變成八千日圓。

以上就是提高客單價的方法：**在來客數不變的情況下，設法讓銷售額與利潤都增加**。

再想一想：如果一方面留住A先生這種常客，一方面再舉辦集客行銷活動招徠新的顧客，使得來客數變成目前的兩倍，將會如何呢？

沒錯，每位顧客一星期的消費金額是八千日圓，現在人數變成兩倍，因此簡單計算下來是一萬六千日圓。

從原先只有區區一千日圓的銷售額，變成了一萬六千日圓，等於是成長了十六倍。

這當然只是一個誇大的例子，目的是為了讓各位容易理解：**重點在於先提高客單價，再增**

➡ 依照「提高客單價→增加來客數」的順序推動

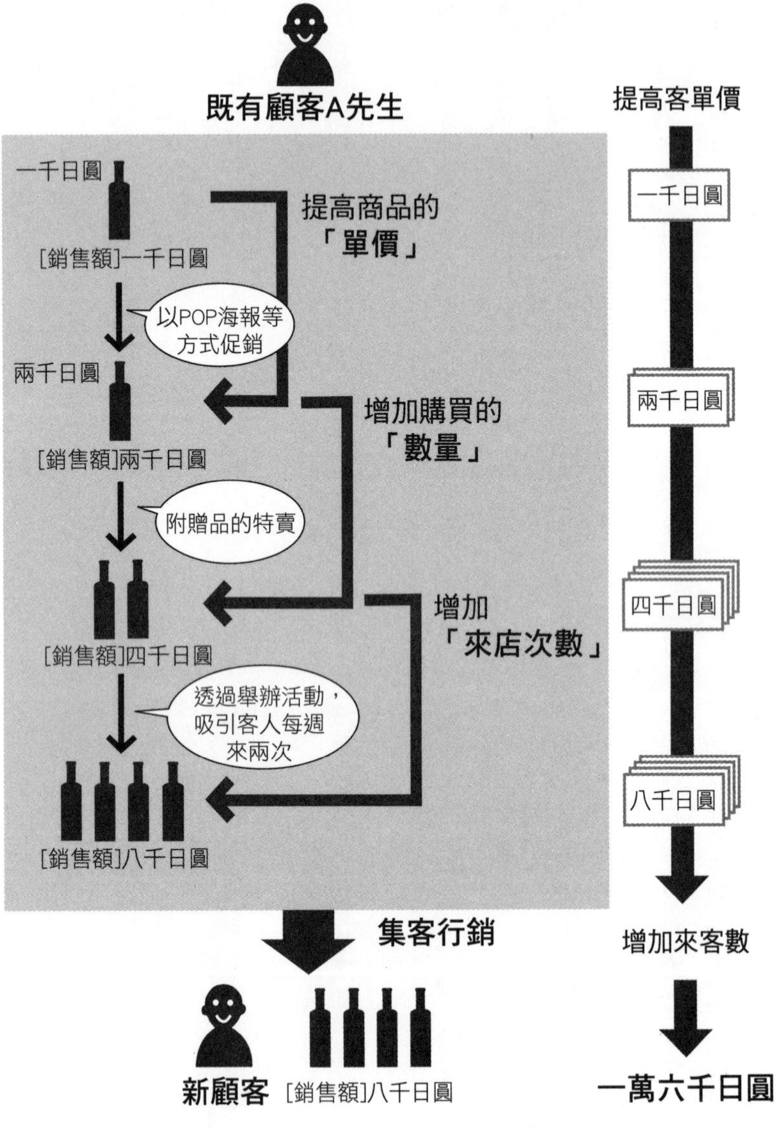

加來客數。

如果順序顛倒，結果會很悲慘……

如果按照這個順序，在增加來客數之前，先將銷售額提高到八倍，這樣一來，即使之後因為顧客增加兩倍而變得比較忙，賺到的錢應該也足以支付人事費用等成本的增加了。

然而如果顛倒過來，先增加兩倍的顧客，由於銷售額尚未提升，人事費用等成本卻不得不增加，經營起來將會很辛苦。除了利潤減少、忙得要命卻賺不到錢之外，風險也會提高，陷入令人難以承受的悲慘困境。

幸與不幸的經營者生涯

成為一名幸福的經營者

採取「吸收高消費力顧客」的行銷方式、提高客單價，為什麼比較好呢？除了業績方面可以獲得提升之外，還有另一個不可忽略的重要原因。

雖然我的職業是「企管顧問」，但是我並不認為好的企業只著重於眼前的營業額就夠了。再更進一步來說，幫助經營者以及他的家人、員工，建構一個目前雖然還沒那麼賺錢、卻能夠充滿活力地生活下去的環境，我認為這才是更重要的事。

會有這樣的想法，是因為我聽過太多經營者在公司變得忙碌後，由於壓力過大而罹患心臟病，或是由於過勞而倒下，甚至是與家人之間的溝通變差的例子。

因此，在提供企業諮詢時，我的首要之務是**重視經營者本人的幸福**。

即使從這樣的觀點來看，最後還是能夠導出**「先提高客單價，再增加來客數」**的順序。因為，**這個順序可以讓人一方面感受到身為經營者的「驕傲」與「成就感」，一方面穩當地提高業績**。

這是幸與不幸的分水嶺

對於現有的顧客，只要盡力提供雖然價格較高但品質優良的商品，將他們塑造成絕對的追隨者就夠了。接著，不需要費力去招徠顧客，只需要靠口耳相傳。

等到公司確實培育出高素質的員工、確信「在顧客增加之後，也能維持充分的服務與品質」，再積極地招徠顧客。

這樣的話，應該就不致產生過度的壓力或焦慮了吧。

當然，或許有人覺得「自己的幸福是過著忙碌的生活，藉由薄利多銷，賣掉大批商品」，這樣的想法也沒什麼不好。只不過，至今我所認識的一千多位中小企業家之中，幾乎沒有人希望變成這樣。

話雖如此，我卻發現多數經營者還是誤用了「增加顧客＝公司賺錢」這個單純卻危險的公式，朝向自己原本不想前往的方向行進。

事實上，目前為止我所協助過的大多數經營者，都曾經感嘆地說：「如果沒有遇見村松老師，我們差點就往錯誤的方向前進了。我們追求的並不是薄利多銷，而是**能夠穩定地經營，清楚知道每位顧客在哪裡**。」

如果你覺得這些經營者的感嘆讓你產生了共鳴，請務必繼續堅持這樣的想法，因為它符合了多數消費者的期盼。

至於消費者為什麼會有這樣的期盼，將在下一節詳細說明。

因應不斷進化的需求

以為「消費者喜歡便宜貨」，將導致失敗

重要的是先將客單價提高，接下來的目標才是增加來客數。

以上是我的觀點，一般人的做法卻總是背道而馳，因此往往陷入「忙得要命，卻賺不到錢」的惡性循環裡，或許這是因為多數經營者都受到「客人喜歡買便宜的東西」、「如果提高客單價，客人會越來越少」等想法束縛了吧。

也許對於抱持這種想法的人而言，這麼說有點嚴苛，但是我認為他們並沒有掌握現今顧客（消費者）的實際面貌──

現在的消費者，只要是他們想要的東西，再貴都會買，更有些人即使借錢、節省生活費也要買。

就以餐廳為例來說明吧。

過去只要提到「餐廳」這個字眼，大家都會覺得那是很高級的地方。然而自從「家庭餐廳」（譯註：指適合父母帶著小孩前往、全家共同用餐的餐廳）出現之後，餐廳就漸漸變成比較能夠輕鬆前去的場所了。

接著，價格競爭開始了，以龐大資本引進飲料吧等自助式服務的低價家庭餐廳登場，於是其他家庭餐廳也一一調降價格。如今，幾乎所有的家庭餐廳都附有飲料吧，力求低價化。

原本預期價格的競爭將持續下去，結果並非如此——幾乎在同一時期，中高價位的家庭餐廳出現了。

由於價格設定略高於一般的家庭餐廳，因此中高價位的家庭餐廳在開張初期比較不擁擠，用餐的氣氛很閒適。然而，經過了一段時間，現在每逢週末假日，這類中高價位的餐廳即使排隊等候一小時以上也不足為奇。

如果消費者希望的只是低價，為什麼中高價位的家庭餐廳也會如此受歡迎呢？

再來看另一個例子吧。

泡沫經濟時期，許多健身房的收費都很高昂，年費高達一百萬日圓，使用者僅限於特定階層。至於一般使用者，大多是前往收費便宜的各縣市公營運動中心。

但是在泡沫經濟崩壞之後，年費十五萬至三十萬日圓左右的中等價位健身房越來越多，使用者也大幅成長。許多原先一直使用公營運動中心的人，也開始前往這種中級健身房。

它的價位雖然高於公營設施，不過裡頭的設備與服務項目，也比公營設施充實許多，於是一般使用者大量湧入這類的健身房。不只如此，近來，每年花費大約五十萬日圓追加個人課程的使用者，也越來越常見了。

那些原本因為預算不足，只前往年費約一萬日圓的公營運動中心的一般使用者，為什麼願意支付五十萬日圓購買高價課程呢？

我再舉一個例子。

手機這項產品，其實大約早在二十年前就在日本出現了。不過當時只有大企業的社長以及少數超級菁英的商務人士才會使用手機。

然而，隨著低價的PHS登場，引發價格破壞後，手機就開始以一日圓、五日圓的價錢銷售了。由於價格變得非常便宜，手機迅速普及到一般民眾。

不過，目前的狀況又是如何呢？即使購買新的機型必須花費兩萬日圓左右，仍然有許多人不斷地更換新機種。

以前那些非一日圓手機不買的人，為什麼會願意花錢購買高達兩萬日圓的新機種呢？

↓ 消費者的購買行為呈現「V字價格曲線」

剛才針對家庭餐廳、健身房、手機的例子，最後提出的三個問題，各位知道答案嗎？

我將問題重新並列如下：

Q1 如果消費者希望的只是低價，為什麼中高價位的家庭餐廳也會如此受歡迎呢？

Q2 那些原本因為預算不足，只前往年費約一萬日圓的公營運動中心的一般使用者，為什麼願意支付五十萬日圓購買高價課程呢？

Q3 以前那些非一日圓手機不買的人，為什麼會願意花錢購買高達兩萬日圓的新機種呢？

以上三個問題的答案，可以全部彙整成以下的「行為模式」。

①覺得「很貴」，一度加以拒絕

⬅

②一降價，馬上飛奔前往消費

⬅

③低價一旦變得理所當然，就會覺得有點美中不足

⬅

④接著，想要追求昂貴但更好的東西

➡「V字價格曲線」

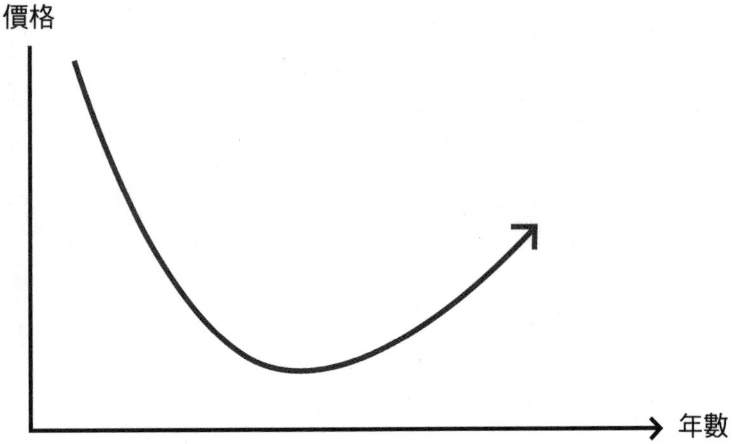

也就是說，**在價格破壞已經達到某種程度、無法再降低時，消費者會轉而追求雖然昂貴、但品質出色的商品**。

將這個現象畫成圖形的話，將如同上圖所示。

從圖表可以看出，這種消費者行為呈現一個「V」字、往上反彈，因此我稱之為「**V字價格曲線**」。

也就是說，如果你身處的業界正處於價格破壞階段的話，那些即將覺得不夠滿足的消費者，相當有可能轉而追求更高水準的消費。

以我自己為例，我也固定會去某家全國連鎖的健身中心，但是人擠人的況狀讓我有點困擾；另一方面，只是自我訓練也漸漸讓我覺得意猶未盡。因此，只要有健身中心能夠提供一對一的服務，即使每個月必須多付兩萬日圓，我也願意。不過由於我家附近並沒有提供這種服務的健身中心，我也別無選擇。

此外，由於請我提供諮詢的企業分布全國，我也常在各地舉辦研討會，因此必須經常搭乘新幹線。對於新幹線的綠色車廂（譯註：Green Car，相當於頭等車廂）我也有類似的感覺。

幾年前，新幹線推出「Express預約」的服務，只要事先利用手機預約，就能以近乎普通車廂的費用搭乘綠色車廂。不知是否因為如此，從那個時候開始，綠色車廂漸漸變得像是「中級交通工具」，以前給人「VIP專用」印象的綠色車廂，最近也能看到很多普通的家庭主婦或上班族搭乘。

這麼一來，像我這類經常搭乘的乘客，就會覺得不太滿意，希望多付一點錢，享受更優質的服務。

舉例來說，如果新幹線增設「白金車廂」，就像飛機的頭等艙那樣，乘客可以在獨立座椅上舒服地向後躺靠、看電影、享用道地套餐的話，即使價格稍微昂貴一些，應該還是有人會願意在工作結束後搭乘、犒賞一下自己吧（因為老是吃鐵路便當，總是會覺得不夠滿足）。

諸如此類「即使必須多付一點錢，也希望能～～」的經驗，各位一定也曾經發生過吧？

↓「我沒錢」的真正含意？

也就是說，**當多數的一般消費者都在使用某類商品時，對於該商品的需求就會隨之進化。**

以剛才提到的手機來說，由於內建拍照功能，產生了「將照片寄給朋友」的需求，於是導致「內建上網功能」的結果。手機擁有上網功能之後，供手機使用的網頁越來越豐富，現在會透過手機購物的人已經很普遍了。這就是**一般消費者的需求慢慢進化的結果**。

再舉一個更貼近我們生活的例子：買水。以前大家的認知是「水不用錢」，但是近來卻因為「多喝水可以讓皮膚變好」或是「有益健康」等各種理由，即使瓶裝水的價位高於碳酸飲料和罐裝咖啡，仍然相當熱銷。

這是由於**消費者並非自始至終要求「便宜、快捷」而已，只要能夠提出新的用法或玩法，努力提高商品的價值，就算比較昂貴，他們也會掏出錢來。**

我們常聽到顧客說「我沒錢」，這句話真正的意思是「**對於自己覺得很有價值的東西，會**

不吝於掏錢買下；但是其他的東西則希望盡可能撿便宜」。因此，高級品牌非常受歡迎，百圓商店或折扣藥妝店也是人氣十足。

也就是說，**能否讓消費者確實感受到商品的「特殊價值」，就決定了企業的成敗**。

當然囉，即使再怎麼做也不太可能讓所有的顧客都產生這種感覺。不過，這本書將傳授**八成以上的客人都有可能變成高消費力顧客**的祕訣。

為什麼是「八成」呢？下一節將告訴你「八成」是怎麼來的。

只要覺得有價值，八成的顧客即使昂貴也會買

為什麼大家願意排隊參加特賣會

即使我一直強調：「不用降低價錢也沒關係，因為高價商品仍有八成顧客可能會購買。」或許有人還是會懷疑：「不是有很多人都會排隊參加特賣會嗎？他們要的不就是便宜嗎？」

確實，有些人要的就是便宜，但並非所有人都如此。

我來舉個例子說明。

曾經有一家連鎖冰淇淋店舉辦「百圓均一價」的銷售活動，據說造成大排長龍的景況。該店平常的冰淇淋價格則是兩倍以上。

看到這種狀況，有人說：「也不過是冰淇淋賣一百日圓，就排隊排成這樣，果然是相當不景氣呀。」

誠然，如果只看表面，不免會覺得是「因為便宜，所以排隊」。

但這些人真的是為了省錢才排隊的嗎？

再舉一個例子吧。

出外旅遊時，為了預訂住宿房間，你是否曾經在網路上到處搜尋，想要找出最便宜的飯店？這時，如果找到比其他飯店便宜一百日圓的地方，是不是會覺得非常開心呢（我曾經有過這種經驗）？

只要冷靜地思考一下，就會發現也不過是便宜一百日圓而已。花了好幾個小時坐在電腦前面，真的就是為了省這一百日圓嗎？

對於前面提出的幾個問題，你的答案應該都是「NO」吧。事實上，**顧客享受的只是「特賣」的感覺，或是享受「就算便宜一日圓也好，我就是要找到更便宜的地方」這種遊戲而已，並不是真心想要省下多少錢**。

因此，八成的客人即使很貴也會買

那麼，我們是否可以推論：在一百個人之中，有一百個人都在享受這種遊戲呢？並非如此。因為，其中有一開始就對殺價不感興趣的人，但確實也有真的想省錢的人。

那麼，這些人是如何分布的呢？

我們可以用俗稱的「2・6・2法則」來說明。這個法則簡單來說就是「**萬物萬事的分布狀況都是上層兩成、中層六成、下層兩成的比例**」。

例如被視為「工作者」代名詞的工蜂，據說每一百隻就有二十隻非常善於工作，六十隻工作能力一般，剩下二十隻會偷懶。

在人類社會中，似乎也有相同的現象。假設某企業裡有十名員工，就可以用2・6・2的比例將他們區分成「優秀員工」、「中等員工」以及「低生產力員工」。我在實際和經營者提到這個法則時，大家都異口同聲地說：「沒錯！大概就是這種感覺。」

那麼，如果將這個「2・6・2法則」應用到消費者身上，情形將如同以下所述。

上面的兩成是「絕不買特價品」的階層，最下面的兩成是「只買特價品」的階層，中間的

➡以「2・6・2法則」思考

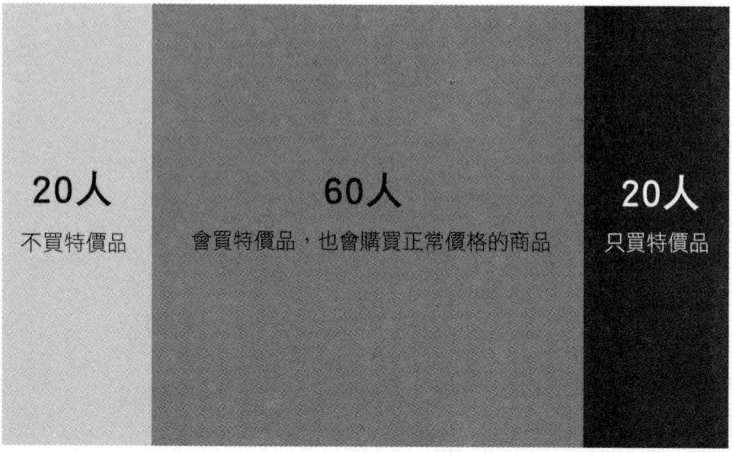

六成則是「特價品與一般品都買」的階層。

「高消費力顧客行銷」鎖定的是上層的二十人與中間的六十人，加起來共八十人。因為中間的六十人會買一般價格的商品，也會買特價品；換句話說，他們是「兩邊通吃的人」。

如何掌握這一類「兩邊通吃的人」，就是高消費力顧客行銷的精髓。

由於高消費力顧客行銷的目標不是只有上層的百分二十，而是比它多四倍的百分八十，成功的可能性因而大幅提高。

順帶一提，由於下層兩成只買特價品的消費者認為「便宜就是一切」，因此在企業或店家執行高消費力顧客行銷的方法後，就會漸漸離去。

不過，不必擔心。根據我的經驗，**這群人不只是喜歡便宜貨，同時也具有「要求比別人多一倍」的傾向。因此，如果徹底擺脫這群人，反而可以省下為了應付不合理要求或客訴所付出的心力，不論在時間或精神方面，都是一種成本的節省。**

簡而言之，**只要能夠了解商品的價值，即使昂貴，八成的顧客也會購買。**

或許有人會反駁：「你講得這麼輕鬆，但是我們的商品已經無法再讓消費者感受到更多的價值了，根本不可能調漲價錢啊！」抱持這種想法的朋友，請絕對放心。

從下一章開始，我將告訴各位，**如何在不變更商品內容的情況下，讓消費者感受到價值的提升**。換句話說，就是**可以提高商品價值的想法與具體做法**。

第2章

即使「張價」，顧客也會前來消費的三個祕訣

何謂「高消費力顧客行銷」？

掌握顧客的「三種購買型態」

首先，我們來為「高消費力顧客行銷」下個定義。

簡單來說，高消費力顧客行銷就是「**將客單價提升至高於同業，同時能夠讓顧客感到滿意的行銷方式**」。

講得更清楚一點，就是能夠無視於同業異口同聲感嘆「我們的客單價要做到一萬日圓已經很辛苦了」，獨自將客單價提升至兩萬、三萬日圓的程度；或是當同一條街上有五家同業都在打折促銷的時候，顧客還是前來向貴公司購買。

至於客單價的提高，大致可以分成以下三種型態。

型態1 商品與同業相同，但是以更高的價格銷售

型態2 同業只銷售標準商品，貴公司則銷售等級更高的商品

型態3 同業只能賣出一件商品，但貴公司所推薦的東西，顧客會全部買下來

只要執行「高消費力顧客行銷」，就會出現這三種購買型態，使客單價提高。

↓菲利浦．科特勒博士的商品定義

明明賣的是與同業相同的商品，為什麼可以將客單價提高呢？

原因在於，吸引高消費力顧客的行銷做法，**並不是要讓商品本身的價值提高，而是讓商品以外的價值提高。**

根據美國知名管理學者菲利浦．科特勒博士的說法，產品有三種層次。

首先，「**產品核心**」指的是，藉由購買產品所能獲得的「**購買者益處**」。例如，產品如果是空調，顧客想要購買的不是空調這個機器，而是想要買到「房間的舒適溫度」。

接著，「**產品實體**」指的是銷售的實際產品，如果是空調的話，那麼就是空調本身。

最後，「**產品的附屬功能**」指的是產品的附加服務等項目。例如，空調的安裝工程、貸款購買方案，以及售後服務保證等等。雖然沒有這些，產品也能販賣；然而真正銷售的時候，缺少這些將會造成產品難以賣出。

以此為基礎，將顧客的購買流程寫下來，就會如同以下所述：

首先，顧客在購買商品時，會先確認是否滿足了「產品核心」的需求。以空調為例，顧客會依照「產品的大小是否最適合調節家裡的溫度」來選擇不同的商品。

接著，「產品實體」則是品牌的偏好、產品的設計等等。

最後，在消費者為了不知道要選A產品或B產品而感到迷惘時，關鍵就在於「產品的附屬功能」。依據「能否貸款購買」、「是否有保固」、「能否立刻安裝」等因素，做出最後的決定。

➡菲利浦・科特勒博士的商品定義

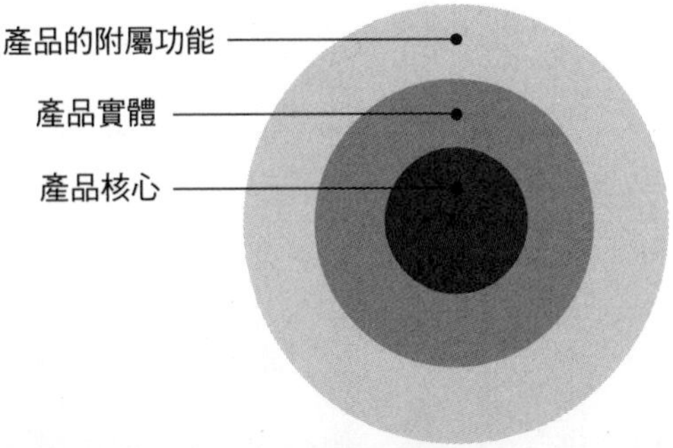

	內容	以空調為例……
產品核心	購買產品所能獲得的「購買者益處」	房間的舒適溫度
產品實體	實際銷售的商品本身	空調本身
產品的附屬功能	商品的附加服務等項目	售後服務、貸款購買方案、安裝工程等

購買流程

1. **是否滿足了「產品核心」的要求？**（尺寸大小是否最適合調節家裡的溫度？）
2. **「產品實體」如何？**（設計如何？製造商是誰？）
3. **「產品的附屬功能」如何？**（售後服務如何？可以貸款購買嗎？）

※根據菲利浦・科特勒（Philip Kotler）與蓋瑞・阿姆斯壯（Gary Armstrong）合著的《行銷學原理》製成。

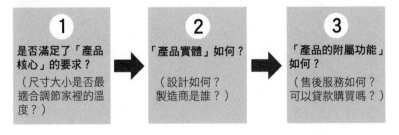

也就是說，廣義的「產品」指的是結合了這三個層次的東西。只要意識到菲利浦・科特勒提出的這種產品定義，進而重新構思銷售的方法，產品就會變得好賣許多。

只要能夠從這三點掌握顧客的心，就可以想出有效的銷售方式。

以空調為例，「產品核心」應該要有「四張半榻榻米大小的話，就用這一型」、「六張榻榻米大小的話，就用這一型」、「有時想要兩個房間一起用，有時想切換為一個房間使用的話，就選這一型」等各種選擇，滿足顧客心目中「舒適空調」的條件。

至於「產品實體」，可以先詢問顧客偏好的設計，再替客人挑選合適的品項；「產品的附屬功能」則是先了解顧客最重視的關鍵是什麼，例如提供貸款購買方案、延長保固期限，或是當天配送到府等等，再花心思提供服務。

一旦意識到這些重點，即使價格比起同業還貴，顧客仍然有很高的機率會選擇貴公司的商品。

在替企業提供諮詢時，我也經常以這個觀點重新看待商品，因此我非常確信這個做法能夠有效提高客單價。

但是，請各位千萬別急著下結論，說出「什麼啊，就這樣嗎？如果只是這些事情，我們公司也做了啊」之類的話。

因為光是做到這些仍然不夠，畢竟，即使它一時能產生效果，同業也會馬上加以模仿。

不過，既然各位已經了解「不須改變商品本身，又能使其價值增加」的基本概念，只要將這些想法繼續發展下去，就可以找出吸引高消費力顧客的行銷方式。

合理提升顧客價值感受的三種方法

↓湯姆．克魯斯主演的電影《雞尾酒》所帶來的啟發

各位聽過一部由湯姆．克魯斯主演的電影《雞尾酒》（Cocktail）嗎？

這部電影講的是他所飾演的男主角以調酒師身分大顯身手的故事。其中有一幕，客人聚集在酒吧的吧台邊，男主角以熟練的技藝帥氣十足地調出雞尾酒，結果大家都爭相向他點酒。

當然，客人付的充其量只是雞尾酒的酒錢而已。調酒師並不是街頭藝人，欣賞調酒的技巧並不需要額外收費（雖然也有人丟錢給他）。不過，各位應該很容易想像，他那**精采的調酒招式確實提高了雞尾酒的價值感**。

藉由分析這個故事，我們可以找出「如何創造商品以外的價值」的線索。

↓商品價值的三個要素

以下有三種方式，可以讓你在商品本身之外，創造更高的商品價值。

> **1 將商品表演出來**
> **2 針對提供商品的方式下工夫**
> **3 提高顧客本身的期待感**

第二項提到「提供商品的方式」，指的是「如何將商品提供給顧客」，因此「待客方式」也包含在內。

舉例來說，有一對夫妻在飯店的酒吧休息，此時太太點了一杯雞尾酒，假設送上來的不是一般的雞尾酒杯，而是如同經過鑽石切割、閃閃發亮的杯子。這樣一來，客人應該會覺得雞尾酒的美味度倍增（**商品的表演**）。

調酒師如果在做好雞尾酒、倒進杯子時再補上一句：「結婚紀念日快樂！剛才不小心聽到兩位的對話了。」結果會如何呢？雞尾酒的價值感應該會更加提升吧（**提供的方式**）。

因為，顧客心裡所謂的「商品」，不只是商品本身而已，**決定商品價值的項目還包括了「裝飾的容器」與「提供者的態度」**。

最後還有一個重點：與顧客的期待是否一致。

也就是說，在前述的例子中，顧客如果因此而覺得「好開心！」，雞尾酒的價值也會提高（**期待感**）。

就像這樣，在「商品本身」之外，再加上「商品的表演」、「提供的方式」以及「顧客的期待感」，商品的價值感就能躍升好幾倍。

我們用一個假設的金額來試算看看。

雞尾酒本身的價格假設是一千日圓。裝進特製的杯子之後，就算定價是一千兩百日圓，顧客也會滿足；加上店員貼心的提供方式，即使賣到一千五百日圓，顧客一樣覺得滿足。

➡不改變商品本身而增加商品價值的方法

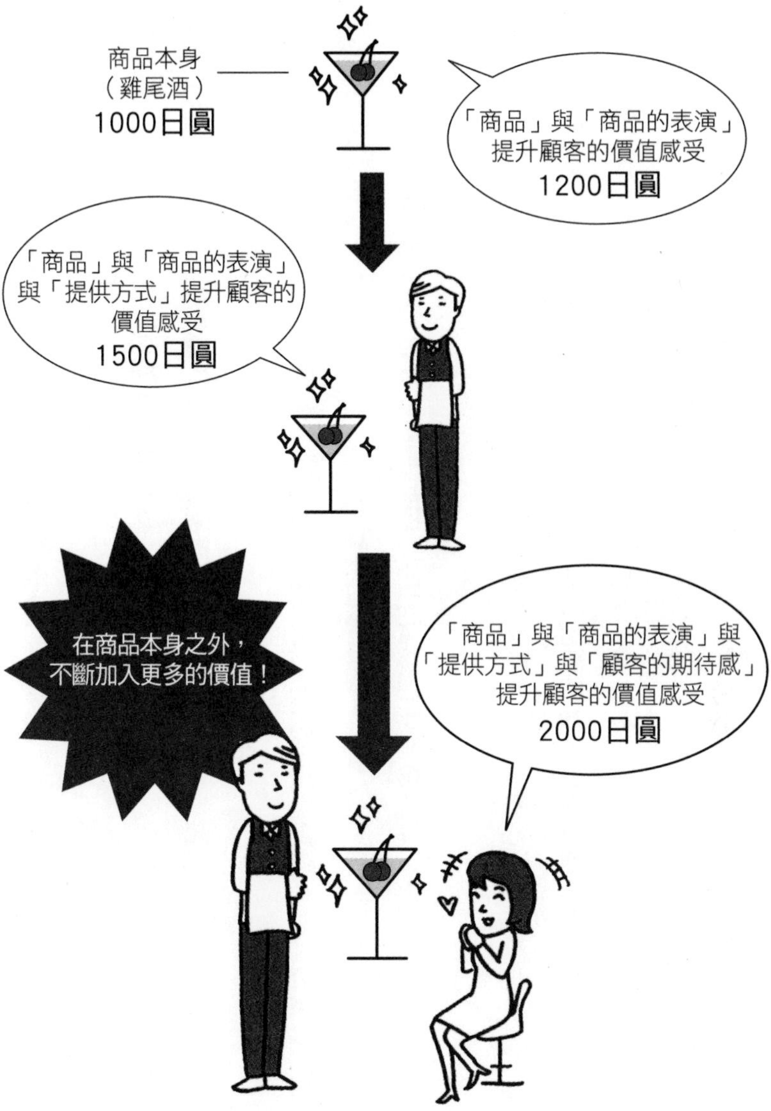
商品本身
（雞尾酒）
1000日圓
「商品」與「商品的表演」
提升顧客的價值感受
1200日圓
「商品」與「商品的表演」
與「提供方式」提升顧客的
價值感受
1500日圓
在商品本身之外，
不斷加入更多的價值！
「商品」與「商品的表演」與
「提供方式」與「顧客的期待感」
提升顧客的價值感受
2000日圓

最後，如果顧客原本就暗自等待（**期待**）會有這樣的服務的話，或許賣到兩千日圓以上，他們也能感到滿足。

如前所述，我們可以不斷增加商品的價值。

直到目前為止，我都是在意識到這三項要素的情況之下，與客戶一起實現目標、獲得豐碩成果。

接下來要介紹各位根據這三個要素所衍生的手法，這些方法都經過實踐，並且帶來很好的效果。每一項要素之下分別有五個重點，因此**共計十五種方式**。

從下一章開始，我將依序詳細介紹這十五種方法，希望藉此能讓各位學會創造點子的思考方式。

不過，光是自己悶著頭猛讀是無法學會的，建議各位每天針對一種方法來學習就好，一邊在公司裡開會討論，一邊讀下去。別急，即使以這樣的速度閱讀，也**只需要十五天就能夠精通「高消費力顧客行銷」**喔！

第 3 章

藉由表演方式提升商品價值！

藉由表演，商品價值可以提升數倍！

商品的表演方式有五種

如同第二章所說，雖然同樣都是飲料，但是只要裝在比較好看的杯子裡，價值感就會提升。這一點應該不難想像吧。

不過，提升價值的表演方式，並不僅限於玻璃杯而已。

我所使用的是以下五種方法。

〔提高商品價值的表演法〕

1 **吸引**

讓商品看起來變得更高級的方法。前述的玻璃杯就屬於這個例子。

2 **故事橋段**

增加與商品有關的「故事」。

3 **強調特色**

為商品增加與眾不同的特點。

4 **推薦**

如同字面所示，就是以「〇〇〇推薦」增加權威感。

5 **稀少化**

例如「限量商品」等形式，藉由「數量有限」讓消費者覺得「很難買得到」。

只要將這五種做法實際運用在貴公司的商品上，商品就會變得魅力無窮。接下來我將從第一種方法開始依序說明，請各位一定要試著應用看看。

此外，我所設計的方法，基本上已經考慮到能夠應用在所有行業，然而還是要視貴公司的實際狀況而定，或許仍會出現無法適用或難以執行的情形。如果遇到這種情況，請不要勉強繼續研究下去，先直接跳過去也沒關係。

因為即使貴公司只使用了其中三種方式，還是有非常高的可能性做得比同業更出色。

那麼，請看下去吧！

表演法 **1**
吸引力
〈第一天〉

將商品最吸引人的一面表演出來

將商品擺設出來，目的不是為了「給人看」，而是要「吸引人」。也就是說，**商品看起來吸引人很重要**。

試想：擺在精品店裡的人形模特兒，如果身上的服飾穿搭得很完美，顧客就會不由自主想要將從頭到腳的商品全部買下，對吧？

以「調味料」調味

只要像這樣，**把商品最吸引人的一面表演出來，商品價值就會大幅提升**。所以不妨花點心思，試著構想一些**讓人覺得「很貴也想買」的吸引方式**吧。

以餐廳為例，除了料理本身，以碗盤或容器提升價值感就是很有效的方式。

「兒童餐」就是應用這個道理，只是放上小朋友可能喜歡的玩具，或是在蛋包飯上插國旗，就能讓小朋友著迷、很想吃。這樣的技巧也適用於大人。

某家海鮮料理餐廳有一道菜，以鯨魚形狀的大型容器盛裝，只要一打開蓋子，就可以看到裡頭滿滿的海鮮料理。這是老闆開的小玩笑，意思是「把鯨魚的肚子剖成兩半的話，牠從嘴巴吞下去的魚貝類，就會變成料理」。

不只憑藉料理本身，餐廳如果能像這樣在容器上多花一點心思，就能讓它變成一道「即使價格較高，但是客人因為想看容器而不由自主點它」的人氣料理。這正是一種「兒童餐效果」。

許多餐廳的經營者都對自己的廚藝十分有信心，因此，往往會有「我要以美味一決勝負」的傾向。

然而，所謂的美味，畢竟仍是一種主觀感受，會因客人當時的心情或身體狀況而異。既然如此，利用容器讓顧客產生正面的情緒，進而引出料理的美味，也算是讓料理變得更好吃的重要「調味料」。

至於零售店，雖然與容器沒什麼關係，但是可以在「陳列方式」多下工夫。例如在冬天時將陳列櫃全部漆成白色，營造「銀白世界」的印象，這樣做不是也挺有趣的嗎？

只要多花一點點心思，就能輕鬆做出「調味料」。

化短處為吸引人的長處

中小企業的經營者很容易因為人員與設備不足，覺得公司的形象不好。

不過，**員工少沒關係，只要強調每一位員工都很誠摯，能讓客人覺得像是回到家裡一樣放鬆就可以了；如果具有專業資格的員工不多，也只要強調「我們不靠紙上談兵，我們擁有豐富的現場經驗」，宣傳自己的實務經驗就行了。**

此外，**設備如果不足，只要強調「我們會逐一以手工作業細心完成」，依然可能讓情勢逆轉。**

某家美國二手衣專賣店由於人力較少，沒有多餘時間受理毛利較高的修補與改作訂單。據說有一次這位老闆前往迪士尼樂園遊玩，看到那裡的員工都一臉開心地在打掃，於是深深體認到「**這也是一種表演**」。

受到啟發之後，老闆寫了一張「**現場修補與改作**」的ＰＯＰ海報，員工開始在營業時間進行修補與改作的工作。前來光顧的客人看到員工正在修補、改作衣服，一開始只是好奇「他們在做什麼」，進而產生興趣，結果許多原本對於修補或改作不感興趣的客人，也紛紛開始提出了這類要求。

正常來想，一般人會覺得服飾的修補與改作「無法在營業時間內進行」。不過，**只要換個想法，將它定位為「現場實際表演」的話，就能在營業時間內作業，而且還可以讓訂單增加，形成一種良性循環。**

此外，如果是店面空間狹窄的狀況，也可以反過來應用。

舉例來說，為什麼美國的鞋店通常只陳列一隻鞋子而已呢？道理很簡單，**只陳列一隻鞋，在同樣的空間裡，可以擺放的鞋子種類是以前的兩倍。**

如果女鞋專賣店仿照「把一隻鞋子掉在城堡裡的灰姑娘」故事情節，製作一張ＰＯＰ海報，上頭寫著：「請您來尋找完全合腳的玻璃鞋！」這種做法應該也相當有趣吧。

運用這樣的方式，就**能夠完全掩蓋「店面狹窄」的缺點，又能將「只陳列一隻鞋」設計得像是為了表演一樣，進而吸引顧客的目光。**

腦力激盪！

觀點補充

現在各位應該已經充分體會到「**只要運用特殊的方式吸引顧客，就能讓商品的價值大大提升**」了吧。

日前我去觀賞高中棒球賽，曾經看到這樣的景象：某所高中在為棒球隊加油時，使用的不是一般專為加油設計的大聲公，而是改用停車場常見的那種交通錐，在上面寫了加油的話語，將它當成傳統的超大擴音器使用。一個交通錐不到五百日圓，然而對於這所高中而言，恐怕相當於幾十萬日圓、幾百萬日圓的價值。

這個畫面使我想到，如果可以生產一種「為貴校得勝加油的魔法特大大聲公」，將上面寫著超大「優勝」二字的交通錐，與用來寫下加油語的筆湊成一組來販售，或許可以賣個五千日圓左右？

即使貴公司的商品只是極其尋常的東西，但是只要以這種方式增加它的魅力，價值就會呈現突破性的成長。

請各位務必好好思考一番。

MEMO

要是我的話會這麼做！

請試著將想到的點子寫下來。

表演法 **2**
故事橋段
〈第二天〉

講述「不為人知的開發背景」等與商品有關的「故事」

講述「不為人知的開發背景」

以前NHK曾經播過一個叫做「專案X」（Project X）的節目，應該很多人都觀賞過吧。這個節目的內容都是非常感動人心的真實故事，講述各種商品不為人知的開發背景，以及著手開發它的主角曾經流下的汗水與淚水。

只要看了這個節目，應該都會覺得裡面介紹的不論是商品也好、服務也好，價值都大幅增加了。這就是**故事橋段可以提高商品價值**的好例子。

就像這樣，請各位試著運用故事橋段，為貴公司的商品增添價值吧。

例如某家精品店很細心地整理顧客的資料，往往不著痕跡地推薦適合顧客的服飾或是顧客偏愛的服飾。

這樣的服務本身當然已經很棒了。不過，雖然店家會針對每位顧客，將資料整理得非常仔細，但是由於沒有實際呈現出來，消費者並不會注意到這些，不知道店家私下其實將自己的資料整理得十分細膩。顧客甚至有可能以為，店家或許是瞎猜、不小心矇到的。

因此，**不如直接將幕後背景化為故事橋段講出來，積極塑造服務價值，宣傳給客人知道。**

例如，可以像下面這樣：

本公司自開業以來，都會一一將顧客來店的資料歸檔。下次您再度光臨本店時，我們的服務人員便會對照您的檔案資料，認真為您建議適合您的服飾，以及您會喜歡的款式。

此外，為了提供更能令您感到滿意的服務，全體工作人員皆取得色彩搭配師（color coordinator）的資格。

目前我們正推出全新的服務：每個客人皆可向本店索取您個人的檔案資料，讓您在前往其他店家購物時，也能輕易挑選喜歡的服飾。

對於這家店的評價，顧客原本認為「是一間品味很棒的店」。但是這麼一做之後，**評價將會升級，變成「這是一間持續不斷努力、讓客人感到開心的好店家」**。

當然，這家店一直以來都是拚命地為顧客提供服務，但是往往必須將這些努力實際說出來，才能夠讓人真正地了解。

「不張揚，默默執行」固然是一種美德，但是處於這個資訊爆炸的時代，能夠成功的多半都是「講了，然後做到」的人。

而且，即使同業也在做相同的事，但是因為「先講先贏」，大家都會認為你才是原創者、才是始祖。

↓試著熱血地講述「人的故事」

大家都很喜歡聽「和人有關」的故事，例如一個人吃過多少苦頭，或是為了完成什麼事而流下多少血汗等等，並且對於這種奮力不懈的精神感到動容，而這就是使得商品價值得以提升的重點。

因此，請試著回想過去創業時是出於什麼樣的契機，然後以熱血的口吻將它寫成「我們就

是希望顧客能夠以這種方式變得幸福」的故事吧。

以前曾有一家土木業者來找我諮詢。他們告訴我，想要跳脫承包商的身分，朝向終端用戶的市場發展。但是，由於他們缺少品牌的力量，如果想要打破這種困境，只能憑藉實際成果的累積；然而因為實際成果也是零，沒有辦法以此著手。

因此，我建議社長，將自己之所以決定開拓這項事業的過程，以「人的故事」的形式熱血地講述出來。例如，可以像下面這樣：

一開始，我不曾設定什麼人生目標，所以不假思索地繼承了父親的事業。原本我對於工作的態度相當意興闌珊，但是某次接受一項委託，前去某一戶人家幫忙檢查浴室、廚房等問題，當時，那戶人家嚴肅地向我提及他們對於住家的一些不安感受。

當我提供意見給這些依賴自己的客戶時，注意到一件很重要的事：人們對於自己的家，都懷抱著各種情感與夢想。我發現這一點之後，便在心中發誓：

我要將自己往後的人生都用來協助他們。

從那一刻開始，我發覺以往的做法沒有辦法讓我實現這個誓言，於是心想，不如就跳脫原本的承包商身分，獨立經營，以自己能夠接受的方式細心地完成工作。

這就是本公司改為獨立經營的契機。

如何呢？會不會讓你產生「未來，這家公司一定會誠心誠意地為我服務」的感覺？

土木業者、園藝業者，或是像企管顧問這類顧客沒有接受過服務、就不知道結果如何的行業，若是能夠像這樣展現「人性」，將是提高價值的絕佳方法。

！觀點補充

現在各位應該已經充分感受到「故事橋段可以提高價值」的道理了吧。

我曾經和一位餐飲業顧問交換名片，他的名片背面印著「目前的我，正在活用各種經由『將餐廳弄到倒閉的經驗』所學習到的技術」，這句話讓我大吃一驚。

由於印象深刻，一回到家我便上網看了他的網頁，裡面記載了很多他的失敗經驗，以及希望別人不會重蹈這些覆轍的心情。看了這些內容，讓我更加覺得他值得信賴。

將一般人乍看之下都會覺得必須隱藏的事情，像這樣大方地講出來，也有可能提高價值。

因此，不論好事壞事都不要隱瞞，請各位試著全部寫出來看看吧。

MEMO

要是我的話會這麼做！

請試著將想到的點子寫下來。

表演法 3
強調特色
〈第三天〉

只要加上特色，商品就完全不同

如何想出撼動人心的廣告詞

首飾是一種不可思議的物品，例如戴或不戴耳環，給人的整體印象是完全不同的。接下來要介紹的第三個表演法「強調特色」，就具有和首飾完全相同的效果——同樣一件商品，如果特別強調它的某個特色，就會讓消費者對於「是否要挑選這項商品」，或是「是否願意用高價購買」造成完全不同的效果。

像這樣**利用商品單一特點的價值，提升商品的整體價值**，就是強調特色這個手法的最大目的。

某家園藝業者在剛開業時，由於缺少過去累積的實際成果，只能靠著低價與同業競爭。但是開業至今三年，經營者覺得如果再這麼延續低價路線也不是辦法，因此動念決定要增加特色。

為此，他想出了一個能夠觸動大廈居民心弦的關鍵句：「**我們的園藝布置，可以讓您的房**

間看起來變成一．二倍大！」結果成功吸引了許多希望有效運用有限空間的顧客。

當然，其他同業應該也具備「運用園藝布置，使空間看起來變大」的能力，但是由於那位經營者率先提出這樣的廣告語，**已經獲得顧客的信賴感，覺得「這家業者懂得我的心」**。

從這個例子可以看出，重點並不在於能力問題，而是**告知顧客「我們想提供這樣的服務給您」的舉動，產生了極大的價值**。

「觸動人心的廣告詞」並不一定要花錢才行，一般中小企業也可以運用智慧，找出自己的商品特色。

創造英雄

這裡所謂的「英雄」，指的是吸引顧客注意的形象人物，或是廣告看板之類的東西。這樣一說，很容易讓人聯想到明星藝人或是知名人士，不過，如同剛才提過的「觸動人心的廣告詞」，也有幾乎不須花錢就能創造英雄人物的方法。

舉個例子，中小型運動用品店進駐到大型購物中心後，由於顧客已經習慣「在週末一次買足」的生活型態，因此經營環境變得比過去嚴苛。

對此，可以考慮以英雄人物做為店家特色的做法。也許一般會想到「那就找高球名將老虎伍茲之類的名人擔任形象代言人嘛」，然而對於中小企業來說，實際上並不可行。這時其實只要活用**「事業在當地深耕」的特點**就可以了。

如果當地有一所高中的棒球打得特別好，那麼就利用這種**在地的英雄**，為那所高中加油，例如辦一場「〇〇高中棒球社後援活動」如何呢？將顧客在店裡消費的金額挪出一部分，作為支持該棒球社的資金，或是組團與顧客一起前去加油，應該都可以吧。

當然，這樣的手法也可以應用於足球等各種運動項目上。

一講到英雄（廣告看板），很容易想到「要花錢做」，然而其實花大錢並不見得划算。因此，可以把**在當地有名氣、或是只有喜歡運動的人才認識的對象，設法塑造成英雄**，此舉不但別人難以模仿，店家的風評也會大幅上升。

最後，成為「英雄」的棒球社勢必會變成這家店的忠實顧客，而他們的粉絲也會前來……像這樣，**粉絲的效應會漸漸擴大**。即使附近還有其他大型店家，但以英雄方式所創造出來的消費族群，仍然會不離不棄。

腦力激盪！

！觀點補充

現在各位應該已經充分理解，只要加上一點特色，商品就會變成完全不同的東西了吧。

我很喜歡印度和斯里蘭卡的咖哩，也吃過許多餐廳的咖哩料理，不過其中有一家店我比較常去。如果問我，這家店的餐點和別家有很大的不同嗎？說真的卻又不是這麼回事。

我之所以會常常去那間餐廳，理由在於餐後只要點了奶茶，就能看到某項表演——服務生會拿著兩個杯子，把紅茶和牛奶在兩個杯子之間倒來倒去，混合在一起。

雖然只是這樣，可是因為每次看到這個表演我都很開心，不知不覺就會一再前往，而且和朋友一起去吃飯時，也會以它作為聊天的話題。因此，消費雖然比起其他店家稍貴，可是我並不介意。

MEMO

要是我的話會這麼做！

請試著將想到的點子寫下來。

表演法 **4**
推薦
〈第四天〉

消費者抵擋不了「權威保證」或「大家都有」

何謂「權威保證」？

所謂「權威保證」，就是獲得別人的「推薦」，促使商品價值提升。請試著在貴公司的商品之中，**針對知名度特別低的商品採取這個方法**。

即使公司再怎麼大力宣稱「這是很棒的商品」，說了一百萬次，消費者聽起來也不過只是「推銷」而已；但是如果經由別人推薦，印象就會整個改觀。

某家經營二手車銷售與維修的業者，由於競爭越來越激烈，即使賣掉一台車也幾乎賺不了錢，這個狀況讓他們備受折磨。雖然也曾經想過，暫時將毛利相對較高的維修當成主業，然而由於員工的年齡較高，不得不打消這個念頭。

在這樣的狀況下，該公司的社長找到了一條活路：**以「既能享受開車的便利又兼顧環保」為訴求，在車內裝設能夠產生負離子的機器**。由於這是毛利較高的商品，毫無疑問對於利潤的提升將有所貢獻，但是銷路卻沒有當初想像的那麼好。

原因在於，必須要有權威保證。因此，該公司一方面收集報章雜誌關於負離子的詳盡報導，一方面也請研究負離子的大學教授撰寫推薦文。結果，原本抱持懷疑態度觀望的顧客，也漸漸開始嘗試購買這項商品，替這家公司確立了新的獲利來源。

若是能像這樣**巧妙地活用社會信任度較高的媒體報導，或是大學教授的推薦文，就能為公司的商品建立值得信賴的感覺**。

此外，到商工會議所這類公共機構登錄，也很有效果（譯按：商工會議所是日本公益社團法人，為地區性的工商組織，以促進當地工商發展為目的）。如果公司的知名度不高，就藉由具公信力的人推薦，間接提高商品的價值，這一點很重要。

↓如何讓消費者覺得「大家都有」？

如果很難找到「權威保證」，也可以用數量取勝，也就是運用「大家都有」的方法。

許多餐廳為什麼會陷入經營不善的窘境呢？我來舉一個例子。

剛開業時，店家會認為「如果不賣得便宜一點，客人就不會上門」，因此菜單都是以一千日圓左右的套餐為主。結果名氣越來越大，成為一間「便宜又好吃的餐廳」，店裡的生意開始變得熱鬧起來。然而，仔細計算收益後，卻發現完全沒有賺到錢。一慌張之下，決定在菜單裡列入三千日圓至五千日圓的套餐，並且積極向客人推薦，但幾乎沒有人點。

為什麼呢？因為「顧客心中已經有固定想點的東西了」，一旦變成這種情況，即使菜單上再怎麼註明「本店推薦」，客人還是不太會點價格較高的餐點。

因此，我建議各位採取「**大家都有**」的做法。

舉例來說，可以藉由辦活動的名義，請顧客免費享用、提供感想。當然，如果無法取得客人滿意的回應或是滿臉笑容的照片就失去活動的意義了，所以必須經過某種程度的設計——告訴顧客「**我們正在徵求試吃後覺得滿意的食後感想，您的感想如果寫得夠有趣，我們會提供很棒的獎品**」，善加利用這種心理，客人自然就會寫好話了，然後**收集這些顧客的感想，在店裡公布**。

想要創造新的潮流，就必須收集體驗者的心聲。數量越多，價值就越高，然後就會慢慢聚集一批忠實的追隨者。只要以此為突破點，讓新的品項獲得大量支持，最後就能將它變成新菜單了。

或許各位會認為「花這樣的錢辦活動，實在太浪費了」，但是與其耗費時間一點一滴地擴散，不如仿照**這種做法，雖然花費成本，卻可以快速推廣自己想賣的東西，反而更加經濟實惠**。

腦力激盪！

觀點補充

現在各位應該已經充分了解，獲得別人的推薦或是收集顧客的心聲，是相當有效的做法了吧。

最好的例子是電視購物——購物台的主持人天花亂墜地描述該項商品的優點，擔任特別來賓的藝人接著發表評論，不停地說：「這個東西好棒唷！」然後現場會湧起一陣「哇～」的讚嘆聲。經過一連串不斷提高商品價值的過程之後，最後再來一句：「最讓人在意的價格部分，是……」報出一個比觀眾想像的價格低得多的數字，現場再湧起一片「好～便宜～」的歡呼聲，主持人此時再加碼：「立刻訂購，特別加送〇〇與△△！」

實際去跟曾經與電視購物台合作的人查證就會發現，無論何種商品，只要採用這種手法，據說都會大賣。

確實如此，連我也曾經有兩次在半夜盯著電視，不小心買了「不買也無所謂」的商品。**別人的聲音，就是這麼有力量。**

即使必須花費成本，也請各位務必試著花工夫收集別人的推薦。

MEMO

要是我的話會這麼做！

請試著將想到的點子寫下來。

表演法 **5**
稀少化
〈第五天〉

只要限定數量與銷售期間，就能點燃「想要的心」

➜ 以「人數限定」提升滿足感！

只要數量有限，就能產生價值，舉一個簡單的例子就能明白：據說以前鯨魚肉是便宜的食材，連學校的營養午餐也會出現；但是自從越來越難捕到之後，鯨魚肉的價格就上漲了。

某家法國餐廳以「頂級早餐」為號召，提供十萬日圓的雙人餐點。餐點使用的當然是昂貴的上等食材，但不只是如此而已——由於完全包場，餐廳裡所有的員工都只為這兩位客人提供服務。

這樣的情境，使得這頓餐點產生極高的價值感。兩位客人受到所有員工的全心關注，服務得無微不至，滿足感便大大提升了。

由於顧客的感動程度相當高，不但可望**再次消費**，造成口碑行銷，還會連帶產生「十萬日圓以下的餐點好像變便宜了」的**對比效果**。

像這樣採取**「人數限定」的方式，巧妙活用其價值，就能讓顧客覺得那是「只有自己獨享的服務」**。

同理，私人教學之類的課程也是如此，**「透過一對一教學，提供個別課程」的特點正是它的價值所在**。

➜「銷售期間限定」可以點燃「想要的心」！

此外，還可以採取「**銷售期間限定**」的方法。消費者往往會認為「現在不買沒關係，以後再買就好了」，這是因為店家沒有彰顯商品價值的緣故。因此，店家應該細心提醒顧客該項商品的稀少性，這一點很重要。

超市裡聚集了各式各樣當令的天然食材，如果這類產品的價值沒有充分傳達給消費者，他們就會因為已經習慣購買溫室栽培的東西，認為「想要什麼，隨時都吃得到」是理所當然的。

如果有人問我：「現在當令的食材是什麼？」很不好意思，說實在的，我也無法立刻回答出來。

越是比我年輕的世代，應該會有越多人誤以為食材與季節毫無關係、全年都買得到、隨時都吃得到吧。

為了提醒消費者，不妨在ＰＯＰ**海報上詳細地說明**。例如像下面這樣：

充分沐浴在陽光下的草莓！
美味的程度，是溫室栽培無法相提並論的。
請務必吃一口看看。

然後，旁邊再註明天然採收的期間。這樣一來，**顧客就能理解「原來只有現在才吃得到」，促使他們立刻購買**。

即使不是食材，其他的商品仍然可以**利用季節特性**來提升價值。例如某家速食店將賞花的照片與附近絕佳的賞花地點繪製成一張地圖，貼在店內，提醒顧客別錯過賞花時機，獲得了顧客好評。

花季、煙火季這類活動，往往是才想起來卻已經結束了。只要利用季節限定的特性，就能

藉由「唯獨此時才能體會」的心理，打開顧客的心扉。

運用「期間限定」的訊息，可以提升顧客的滿足感。

腦力激盪！

！觀點補充

現在各位應該能夠理解，**價值會因為「限定」而提升，使人突然變得「好想要」**。

經營研討會最近有一種奇妙的現象：收費較低的，反而比較難以吸引大家參加。反之，那種收費高達幾十萬日圓，將充實的內容確切提供給少數學員的研討會，參加人數卻持續增加。一方面由於人數較少，講師可以專心設計一些適合參加學員的內容；另一方面，參加者如果有不懂的地方也比較容易發問。

重點在於，它很接近「量身訂做」的形式。因此，大家可以認同它具有「雖然貴，但是適合自己」的價值。

由於這個方法各個行業都行得通，請各位務必試看看。

MEMO

要是我的話會這麼做！

請試著將想到的點子寫下來。

重點整理

好了，各位覺得如何呢？

只要逐一將「吸引方式」、「故事橋段」、「特色」、「推薦」、「稀少化」這五種方式套用到自己公司的產品上，商品的價值應該會增加不少吧。

即使覺得以公司目前的狀況來說，其中某些方法難以應用，這也沒有關係。重點在於，請先採取目前可行的方法，將商品的價值慢慢提高。

我將本章內容彙整為易懂的圖示，請各位翻到下一頁，複習一下吧！

4 推薦

➡消費者抵擋不了「權威保證」或「大家都有」

→活用社會公信力較高的媒體報導或大學教授的推薦文，為公司商品植入信用。

→透過免費體驗等方式，大量收集體驗者的「推薦心聲」。

5 稀少化

➡只要限定數量與銷售期間，就能點燃「想要的心」

→訴諸「人數限定」，強調「這是唯獨您才能得到的服務（商品）」。

→訴諸「銷售期間限定」，「以後就買不到了」的感覺能夠開啟顧客的心扉。

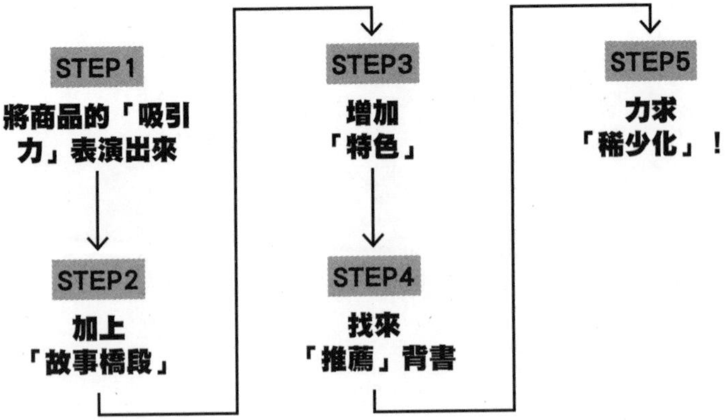

➡提升商品價值！五種表演方式

1 吸引力

➡將商品最吸引人的一面表現出來

→在容器等方面下工夫，使外觀亮眼。

→逆向思考，將缺點化為迷人的優點。如果員工人數較少，可以強調「如同在家一樣舒適」、態度誠摯的服務。

2 故事橋段

➡講述「不為人知的開發背景」等與商品有關的「故事」

→刻意講述不為人知的開發背景或幕後的故事。

→試著以「人的故事」的形式，講述開始創業的機緣，或是「希望顧客能夠以這種方式變得幸福」的熱血心情。

3 強調特色

➡只要加上特色，商品就完全不同

→創造撼動人心的廣告詞，展現「我們想將這樣的服務提供給您」的心情。

→創造英雄（形象人物、廣告看板）。

第 4 章

藉由待客方式
進一步提升附加價值！

藉由待客方式一舉提升商品價值！

與很多企業接觸之後，我有個感覺：「不久的將來，在技術方面，大多數行業應該都有可能改由自動販賣機來經營」。

假如哪天出現一種可以代替餐廳的機器，一按下點餐鈕就會幫你做出美味的料理，或許並不奇怪；如果出現一種可以代替美容院的機器，由電腦讀取髮型設計的資訊，照著那個造型幫你理髮，恐怕也不會覺得不可思議。

也就是說，如果只是為了提供商品或服務給顧客，那麼自動販賣機就足以勝任了。

一旦科技發展到這個程度，**將來還能夠繼續存活的公司或企業，絕對是能與顧客建構信賴關係、能以夥伴的角色將顧客心裡的期望一併考量在內的企業**。只要可以做到這一點，就能前往**與價格競爭完全絕緣**的世界。

因為，人一旦心裡產生「今後也要一直受這個人照顧」的感受，就很難因為降價而動搖。最容易理解的例子就是醫生。應該不會有人和醫生討價還價吧，反之，病患往往願意多付一些錢，希望醫生鉅細靡遺地為自己診治。這個道理完全可以應用於其他種類的生意。

想要建構信賴關係，具體來說有以下五種方法。這五個方法是一系列的步驟。

〈提供商品的方法〉

1　感同身受

對於顧客的想法感同身受，使對方覺得「你是能夠了解我的人」、「你是值得信賴的人」。

2　引導

找出顧客真正感到困擾、真正希望的事（潛在需求）。

3 **提案**

以專家的身分，給予顧客「什麼和什麼搭配在一起會更好」的提案。

4 **知識**

具備關於商品的專業知識或顧客期待聽到的冷知識（雜學般的知識），可以提高商品價值。

5 **角色**

徹底成為顧客信賴的角色後，就能在對方心中建立「夥伴」的地位。

以上五項做法的成果雖然會因人而異，然而應該每一項都是可行的。請各位依序採用看看。

提供方法 1
感同身受
〈第六天〉

藉由感同身受，在顧客心裡建立屹立不搖的信賴感

消除顧客的疑心病

「這個人可以相信，可以依靠。」

「這個人的協助是必要的。」

為了讓顧客對你產生這樣的想法，也就是說，讓他們覺得你提供的商品很有價值，應該怎麼做才好呢？

很簡單，就是**對於顧客的煩惱感同身受**。只要有人對自己的事情感興趣，我們對這個人的評價自然就會提高。**購買商品的人一定都有各自的煩惱，希望「改變現在的狀況」，只要對這一點感同身受即可**。

舉例來說，住宅改建公司已經將估價單交給前來詢問的客戶，然而往往到了即將簽約的階段，常會出現最後未能成約的狀況。客戶會說「再讓我考慮一下」，結果等了一個月左右再聯

絡，他們卻說「已經找別家了」，或是「以後再說吧」。

其實，只要能夠消弭客戶的疑心病，他們簽下合約的機率就能大幅提升。具體來說，就是**客戶難以啟齒詢問的事（價格或技術水準），由我們主動告知。祕訣在於以個人的身分和他們聊天**。

例如，像下面這樣：

您想必感到很迷惘吧，一方面想要多看幾家公司提出的估價單，一方面心裡也覺得這筆費用並不便宜，而且在技術上也希望可以達到一定的水準吧。

我也有過改建房子的經驗，您的心情我很了解。

光是主動開口講出這番話，就能讓客戶不再受到懷疑的心理影響，願意對你說出真心話。畢竟，對於業務員展現出來的感同身受的態度，會使客戶產生一種說不出來的安心感。

客戶並不具備專業知識，因此，乍看之下微不足道的小事就可能影響到他們的想法，使他們自囚於各種疑心生暗鬼的情境裡，因而猶豫著到底該不該簽約。

暫時先停下來，與顧客一起面對不安的感受，即使這麼做多少會讓自己公司的商品變得比較不利，還是要真摯地對待顧客，徹底展現「我們一起來將這股不安感解決」的態度。**唯有抱持著誠懇的態度，才能與顧客建立情感的聯繫，讓他們願意「就把一切都交給這個人處理吧」**。

先將生意上的考量擺在一邊，站在顧客的立場，與他們一起煩惱。這樣的做法最後將可造就成功的事業。

與顧客一起「做白日夢」

不只要消除顧客的負面心理，**與對方共享的正面想像也很重要**。英文的「Day Dream」一字如果直譯就是「白日夢」，這裡指的是**與顧客一起想像未來的理想狀態**。

例如，在美容沙龍裡，目前很少有顧客願意付高價做全套保養。所以，想要銷售像ＳＰＡ這種「不買也無所謂的東西」，成功的關鍵在於**要花心思將「不買也無所謂的東西」，變成「非買不可的東西」**。

顧客第一次來店裡時，想必懷抱著「想要瘦下來、變漂亮，讓男友喜歡」之類的「憧憬」。然而，人往往不太能貫徹始終，例如會漸漸覺得與其花時間減肥，不如穿上時髦的名牌服飾還比較省事。顧客如果像這樣朝著輕鬆的做法去思考，對於美容沙龍的需求就會越來越薄弱了。

與顧客一起「做白日夢」可以解決這個問題，而這種方法能否成功的關鍵，就是在為客人進行保養的時候。在保養前、保養中、保養後，都要**以如同老朋友一般的口吻，一直跟顧客談論「一旦變成自己理想中的模樣，會是多麼美好的事啊」**。

這麼一來，顧客會在心中比之前更深刻地描繪出「自己的理想模樣」，不知不覺就會花錢做全套保養了。

實際與顧客交談，可以促使客人的欲求增加；與顧客共享夢想，可以讓客人覺得你（共享者）有如革命同志一般。能夠做到這一點，即使你推薦高價的保養療程，客人也會說「就交給你了」，爽快地答應。

陪顧客一起做夢，可以使顧客不去選擇輕鬆好走的道路，讓他們願意克服萬難，此外，也能一口氣加深彼此之間的信賴關係。不只ＳＰＡ如此，**升學補習班與健身房等需要雙方同心協力進行的行業，理當全都適用**。

腦力激盪！

！觀點補充

各位覺得如何呢？應該已經實際體會到「感同身受」的效果了吧。

前一陣子我和一位銷售牙科材料的業者聊天。雖然在這個業界，客戶討價還價的狀況十分普遍，但是與該公司往來的牙科診所卻完全不曾討價還價。

問他祕訣是什麼，他是這麼說的：「本公司賣的不只是牙科材料，而是一併考量牙科診所經營者、員工以及病患在什麼樣的環境最能感到舒適，才提出我們的商品建議。」

這段話使我確信，**那些嘴上說著「削價競爭在這個業界很普遍，所以……」而放棄堅持的業者，果然還是錯了**。

各位所處的行業又是如何呢？

MEMO

要是我的話會這麼做！

請試著將想到的點子寫下來。

提供方法 2
引導
〈第七天〉

將顧客自己也沒注意到的潛在需求引導出來

整理模糊的需求，使之成形

很多人都「不知道自己想要什麼」，此時如果能夠幫他們將需求挖掘出來，將會產生意想不到的效果。

飯店的門房是萬能的服務人員，他們能幫客人解決一些「多多少少不方便」、卻又不那麼明確的煩惱。

例如，如果客人詢問「從現在到傍晚之前的時間要怎麼打發」，他們會提供顧客各種指引，直到顧客滿意為止，像是「看看舞台劇，如何？」或是「搭乘觀光巴士逛城市一圈，如何呢？」、「到飯店的美容沙龍放鬆一下，怎麼樣？」，這是相當讓人感到貼心的角色。

某家牙科診所汲取了這個精髓，設置了一個稱為「候診服務人員」的職務。他會觀察前來看診的病患表情，如果候診時間比較長的話，會幫忙確認，然後告訴病患：「再五分鐘左右就輪到您了，可以嗎？」如果發現某位病患看起來不開心，就會詢問對方是否在煩惱什麼事，也就是擔任照顧病患心情的工作。

牙醫診所安排這樣的員工，乍看之下或許很浪費人事成本，但其實完全不是如此。很多病患面對醫生時比較不敢暢所欲言，再加上接受治療或照料時，心情上也比較沒那麼放鬆，不願意把各種想法講出來，導致心裡的話難以對醫生啟齒。不過，一旦不講，又會累積成為心裡的不滿。

因此，在候診這種相對來說較為放鬆的時候，如果由候診服務人員輕聲與病患交談，藉由輕鬆的對話，病患或許會不自覺地說出自己的心情，像是「醫生之前說這樣就治好了，我也就沒有再多說什麼，但我總覺得好像還沒有完全治好」。遇到這種狀況，候診服務人員就可以馬上為病患安排複診的手續。

此外，對於植入人工牙齒這種高額的植牙手術治療，病患多半不會斷然決定說「我不要植牙」，而是會在心中如鐘擺前後擺盪，猶豫著「要不要做？」、「怎麼辦才好？」

在這種時候，候診服務人員可以傾聽病患的心聲，然後告訴病患：「如果不選擇植牙，未來就必須一直忍受戴假牙的麻煩，是不是毅然接受植牙手術比較好？」**幫忙病患整理腦中的思**

緒。藉由這樣的舉動，或許可以促使更多病患決定接受昂貴的植牙。

像這樣**傾聽病患心中的煩惱，可以消除他們心中的焦躁與不滿，進而產生信賴感**。此外，病患在**有人聽自己說話、幫自己整理好思緒後，也可能會願意接受原本猶豫不決的高額治療**，如此一來，既可提高診所的收益，又能讓病患感到滿意。

➜大幅扭轉顧客的想法

此外，也可以採取「大幅扭轉顧客想法」的方式。

顧客是外行人，因此很多時候都會以自己的認知對商品做出判斷。所以，**可以藉由引出顧客的煩惱，把意想不到的商品使用方式建議給顧客**。

例如，之前我跟某有線電視業者簽了約。但是有線電視業者的業務員第一次到我家來推銷時，我直接告訴他「不需要」，就把他趕走了。因為當時對方只向我宣傳有線電視可以看到「很多」節目，像是體育頻道等等。

其實，對於電視我一直有個煩惱：由於我家用的是室內天線，畫面並不穩定（因電波狀況的影響，有時畫面會變得不清晰）。

將有線電視的業務員趕走之後，過了幾個月，某天我偶然向朋友提到這個問題，他卻建議我付費看有線電視。他說：「有線電視因為是有線，畫面當然不會受到干擾。」

朋友的這番話，提到了那位有線電視業務員沒有說明的使用方式，由於這個優點說服了我，所以隔天我就把有線電視的業務員叫來簽約了。

為什麼業務員沒有提及這一點呢？

答案很簡單：**他熱衷於自己的業務推銷用語，沒有把焦點放在顧客的煩惱上**。

如果之前業務員問我：「村松先生，關於電視節目的收訊狀況，您有沒有什麼覺得困擾的地方呢？」或許我就會立刻把自己對於室內天線的不滿講出來吧。這麼一來，業務員就可以為我說明有線電視的功能，然後我就會當場簽約收看。

針對像我一樣使用室內天線的家庭，只要提出「可以收看穩定的畫面，想要錄起來也比較放心」的廣告詞，簽約機率應該會大大提升吧。

像這樣，**不是只顧著推銷自己公司銷售的產品，而是把焦點放在如何引導顧客的潛在需求，就不需要重複那些無用的推銷語言，也不需要削價了**。

腦力激盪！

！觀點補充

能夠率先找出顧客煩惱的公司，將會發展得最順利。

舉個例子，假設顧客隱約感到煩惱的部分是在「上游」，已有明確商品存在的狀態是「下游」。下游的競爭十分激烈，上游卻空無一人。所以不該坐著等待顧客的需求流到下游來，而是要划到上游去撿拾顧客的需求，這一點很重要。

很可惜，我自己很少碰到這樣的業務員。不過，現在我所使用的筆記型電腦，就是一個新手業務員逐一詢問我的需求，拚命找出最適合我的型號後，我才買下來的。

現在回想起來，或許正是因為新手的知識不足，他們也只能傾聽顧客的煩惱。這麼說來，所謂「新手的幸運」（beginner's luck），也就是「新人簽約的成功率較高」，或許正是出於這樣的理由吧。

MEMO

要是我的話會這麼做！

請試著將想到的點子寫下來。

提供方法 **3**
提案
〈第八天〉

賣家以親身體驗的真摯提案吸引顧客

開誠布公交談，「推銷感」就會消失

在重要的關頭，如果無法給予顧客明確的提案，就無法吸引具有高消費力的顧客。能夠不著痕跡、不帶推銷感地為顧客提案，這一點相當重要。祕訣在於「要開誠布公與客人交談」，雖然僅是將事實告訴顧客，卻可以成為強而有力的提案。

某位財務顧問在創業之初，不假思索地在網站上以「可以為您刪減成本」做廣告，但幾乎沒有什麼生意上門。因此，他又加上一句廣告詞：「免費為您進行成本刪減的模擬」，就漸漸開始有生意了。

他以免費模擬的方式，分析顧客的決算書或付款明細表等文件，先具體條列出「節省電費○○日圓」、「節省水費○○日圓」、「節省郵資○○日圓」等項目，然後將他是透過什麼方法節省的細節，也一起彙整到報告裡，提案給顧客。顧客因此能夠依照邏輯判斷，「既然可以省這麼多，這樣一來就算加上顧問費，也十分划算呢」，立刻決定交由他處理。

說到這裡，大家或許會認為「連具體做法都寫出來的話，那麼顧客自己動手做不就行了」，然而事實並非如此。

即使顧客得知節省成本的原理，但是要他們從零開始，準備相關文件、記錄一些細節，畢竟還是很麻煩的事情。如果怕麻煩不做這些事，原本必須多花好幾萬日圓，現在只要把因此節省下來的錢拿出一部分請人幫忙，未來就能長期節省費用，很多人最後都會選擇這種做法。

大多時候，顧問都不會公開任何做法，將它視為公司機密，但這樣其實才會招致反效果。因為這種黑箱作業的方式，會導致顧客產生「事實上也許可以省更多吧？這樣的話，還不如自己來做……」等疑慮。

如果反其道而行，先公開公司的機密，再補上一句：「你們要自己來嗎？還是要委託我們來做呢？」這樣的銷售方式聽起來比較具有誠意，對方自然也就願意委託了。

➜員工敘述的親身體驗，可以使顧客心動

此外，員工講述自己的親身經驗也很重要。**不要拿出印好的介紹手冊，而是提供顧客活生**

生的資訊，這樣更能贏得他們的信任。

國外的餐廳通常都委由服務生為每一桌顧客提供服務，因此他們都相當積極。

去年我到夏威夷時，前往某家餐廳用餐。就在我煩惱要點什麼的時候，店員過來和我說話。

我問他推薦什麼餐點，他回答：「This is the most popular dish at our restaurant.」（這是本店最受歡迎的一道餐點），然後再加上一句：「But all of them are good, of course. I especially recommend this.」（當然每道餐點都很美味，只是我個人特別推薦這道）。他就是用這種方式向我提出自己推薦的餐點。

當我問他「為什麼」時，他一面比出吃東西的動作，一面開心地向我解釋。結果，我連價格也沒看，就點了那道餐點（雖然他講的內容，後面有一半以上我都聽不懂）。

對，並沒有什麼道理。

這是全世界通用的法則。我知道日本一家漢堡店的做法就是這樣，一旦顧客迷惘著不知該點什麼才好，店員就會馬上為客人做推薦。由於店員會明確描述自己「享用前的印象與實際的食用感受、食用後的滿意度」，大多數顧客都會不在意價錢，直接點那道餐。

沒有什麼比「親身體驗」更能產生說服力與信賴感了。因此，負責推薦餐點給顧客的男女服務生，必須先親自吃過所有餐點。

當然，不僅餐廳如此，電器行、汽車經銷商、珠寶店也一樣。自己沒有親身體驗過的東西，是無法講述的。**講述自己的體驗，將可創造信賴感，提升價值**。

在開會的時候，召集店內的全體員工舉辦試吃會、試穿會、試乘會等活動，之後再熱情地向顧客講述自己的感受。像這樣的角色扮演，也不錯吧。乍看之下是很浪費時間的做法，卻能產生很大的價值。

腦力激盪！

！觀點補充

各位是否能夠理解「只要提案的方式正確，顧客什麼都會買」的道理了呢？順帶一提，對於這類提及親身體驗的對話，我個人是完全抵擋不了的。

近來，有特色的路邊攤越來越少了。以前某次外出欣賞煙火，我曾經碰過一家有趣的炒麵攤。那個攤子的大哥很會掌握說話的節奏，他會說：「我絕對推薦的是這一道在炒麵上放上蝦子與烏賊的特別餐。這樣超好吃，我絕對保證！算了，只算你蝦子的錢就好，就當是被我騙，請您點看看吧！」受到他這種熱情態度的感染，我不由得點了特別餐。

實際吃起來，真的很美味；那位大哥的描述方式一直留在我的腦海裡，更是令人覺得滋味無窮。這個經驗讓我深切體會到，話術也是一種「調味料」。

MEMO

要是我的話會這麼做！

請試著將想到的點子寫下來。

提供方法 4
知識
〈第九天〉

專家的「專業知識」＋引發期待的「冷知識」，可以掌握顧客的心

以專業知識提供顧客真正的服務

「責任自負」一詞隨處可見，舉個例子，美國常有一些「抽菸得了癌症，廠商要負責賠償」，或是「零食吃了變胖，廠商要負責賠償」之類的訴訟。乍看之下像是在找廠商麻煩，但如果換個角度來看，倒也讓人覺得，或許正是確切地掌握到了「責任自負」的精神。

因為，原告的主張是「因為廠商沒有充分告訴我抽菸的害處，我才抽的。如果我知道的話，就不會抽了」。也就是說，原告主張「充分告知香菸害處，是廠商的責任」。

舉個簡單易懂的例子，醫生不會因為病患對他說「我拉肚子，請幫我開止瀉藥」，就隨便幫病患開藥。因為如果是食物中毒的話，止瀉有時候可能會致命。也就是說，再怎麼強調「責任自負」，醫生還是無法直接照著病患的希望，開立止瀉藥。經由醫生診療所開出的藥物，如果病患擅自選擇不服用的話，病患才能夠稱得上是「責任自負」，不是嗎？

這個道理對於其他產業而言也是一樣。

例如建築公司，它們不能只是照著客戶的要求把房子蓋好就行了，因為客戶是建築的門外漢，就算他本人再怎麼希望，如果對於設計專業會產生任何不便之處，還是應該以專家的身分告知客戶。

餐廳也是一樣，顧客在不知情的狀況下點了一份會辣的餐，此時理所當然應該告知顧客「這份餐會辣喔」，對吧？

當然，我們無法在事前預測各種狀況，不過重點在於應該確切體認「顧客是外行人」，**必須以專家身分盡量告知顧客必要的知識，再由顧客自行判斷，才是建立長期信賴關係的祕訣**。

➔以顧客期待的「冷知識」提升銷售力

此外，如果只有專業知識，顧客並不會產生期待感。現在的社會，「**想要過得更舒適**」的需求，比起「想要解決問題」的需求更強烈。這就是「冷知識」的由來。只要看過諸如《冷知識之泉》的電視節目，就能夠理解**這是一個「雜學知識」受歡迎的時代**。

由於競爭越來越激烈，某家便利商店只靠銷售生活必需品的經營模式使它幾乎撐不下去，因此決定大力銷售ＤＶＤ、交換卡等休閒娛樂性商品。

此時該店製作的正是「冷知識ＰＯＰ海報」。大多數便利商店只是把商品擺出來就不理睬了，但是據說這家便利商店的店長會針對每一張ＤＶＤ上網搜尋，找出它們的精彩賣點，或是幕後花絮之類的訊息，再以「來自店長的一句提醒」為題，將內容貼到ＰＯＰ海報上。結果，原本只是來買果汁等商品的顧客，不由自主地停下腳步買了ＤＶＤ，客單價因此就一口氣提升了。

由於提到的例子是便利商店，所以使用的是ＰＯＰ海報，如果是其他類型的店，只要以口頭方式講述這類訊息的話，也能夠促使客單價大幅增加吧。

由於現在物質豐足，沒有買不到民生必需品的問題，而且由於百圓商店的出現，必需品變得越來越便宜。**於是消費者手裡多出來的錢，就會花在能讓自己產生期待的東西上面。**

也就是說，大家的生活型態變成了「食物等生活必需品盡可能買便宜一點的，多出來的錢就去買高達兩、三千日圓的ＤＶＤ」。

換句話說，現在的顧客花錢不是因為「有需要」，而是因為「有樂趣」。越能講述樂趣給自己聽的店員，越受顧客喜愛。

因此，倘若你是販售生活必需品的店家，同時也販售這類休閒育樂用品，或是即使只是生活必需品，只要能夠多花點心思讓顧客產生期待感，客單價將會明顯上升。

順帶一提，先前提到的那家便利商店，每個月會更新泡麵的「本店人氣排行」，使得銷售量大增。即使只是食物這類的生活必需品，只要加入這樣的巧思，銷售力也會明顯提升。

腦力激盪！

！觀點補充

各位應該已經理解，專業知識或冷知識可提高商品價值了吧。

最近有些食品製造商使用了過期的材料，或是使用了與標示不符的成分製造……這是一個食品安全堪慮的時代。

我認為，未來若是販賣加了來路不明添加物的食品，或是銷售料理方式不明的商品，會越來越行不通。

能夠在二十一世紀存活下來的銷售型態，是盡可能以清楚易懂的方式標示、說明，讓顧客在充分理解下挑選的產品。

即便如此，因為吃零食變胖而提起訴訟，我想畢竟還是做得過火了點……（笑）。

MEMO

要是我的話會這麼做！

請試著將想到的點子寫下來。

提供方法 **5**

角色

〈第十天〉

滿口蛀牙的牙科醫師沒人會去看！琢磨自己扮演的角色吧

扮演「老師」的角色引領顧客

一般而言，大家都會覺得付錢的顧客說話比較大聲，提供商品的人說話比較小聲。但是仔細想想，就會發現事實並非如此。

例如，顧客因為電腦壞掉而感到煩惱時，電腦店如果全都壞心地說「不幫你修」的話，比較困擾的是顧客。從這種角度來看，應該可以說店家與顧客是平等的吧。

再細究的話，如同我們目前為止所講的，**對於顧客的煩惱抱持感同身受的態度、提供確切的專業知識給顧客**，反而可以當成是顧客受到業者的幫助。

因此，我要告訴各位，大家口中「師」字輩的人，是如何推薦高價商品的。

以牙醫師為例。根管治療後必須做牙套的病患，必須選擇要裝健保給付的一般牙套，或是健保不給付的陶瓷牙套。品質比較好的當然是陶瓷牙套，然而病患並不了解兩者之間有什麼不同。如果什麼都不告訴病患，他們應該會選擇健保給付、較便宜的牙套吧。

但是，此時牙醫師如果以認真的表情，補上一句「雖然貴了一點，但由於您的牙齒屬於○○，所以戴陶瓷牙套會比較好唷」，會怎麼樣呢？

病患應該會覺得：「因為醫師是幫我診斷之後才會這麼建議，所以一定要這麼做才對。」所以即使有些勉強，還是會選擇陶瓷牙套。

一點也不困難，對吧？病患感到迷惘，醫師所做的就是幫他解決困惑而已。

那麼，不屬於「師」字輩的行業，是不是就不能使用這種方法呢？這倒也不盡然。我經常對前來找我諮詢的客戶這麼說：「其實你也是師字輩的唷。」

我的客戶如果是精品店的經營者，對方可以提供我時尚方面的建議；客戶如果是餐廳業者，對方可以巧手為我料理當令的食材；客戶如果從事電腦行業，可以為我解說最新機種的使用方式以及它的優點等等。每個客戶都是老師、大師。

但是，即使具有師字輩的功力，如果認為自己的工作不過是打收銀機、幫客人的商品結帳而已，那就太可惜了。

業者必須意識到，對於銷售的商品，自己非得是顧客的老師不可。當顧客有煩惱來找你商量時，就要以一種「拯救腹痛的病患」的心情來幫助他們，**如此一來，顧客就會覺得你值得信賴、尊敬，依循你的建議購買商品或服務**。

「演什麼像什麼」很重要

「演什麼像什麼」是非常重要的。面對顧客，如果顯露出模稜兩可的態度，將會導致他們對你的信賴感產生動搖，覺得你「靠不住」、「很隨便」、「信不過」。如果能夠讓顧客覺得所有店員都各自扮演好自己的角色，他們就會完全信賴你。

只要想一想與此相反的負面案例，就可以明白。例如，明明是牙醫師，牙齒卻髒得要命；明明是酒保，卻不勝酒力；明明經營園藝業，自己家的院子卻任其荒廢……這樣的狀況只要稍微被顧客知道，他們可就退避三舍了。

某家有機料理餐廳相當堅持使用「無農藥蔬菜」的食材，前來光顧的人理所當然都是相當追求健康的顧客，聊天的話題往往都和健康有關。由於在店裡工作的所有員工也都是對於有機料理非常堅持的人，因此只要顧客聊起健康的話題，他們都能輕而易舉對答如流。**正因為員工像這樣「演什麼像什麼」，顧客才會感到安心而一直前來**。

這樣的角色扮演，可以塑造商品的價值。因為顧客的需求並非只是「想吃有機料理」而已，他們是以「想要健康」的心情來店用餐。這種時候，店員如果在廚房吃垃圾食物的話，會給人什麼樣的感覺？沒錯，這樣一來顧客的心情就會被破壞了。

反之，如果能讓顧客觀察到這家店的員工對於健康都十分講究，就會安心前來光顧。店家的經營方向與店員的認知一致，這種待客方式將能持續獲得顧客的信賴，使得顧客一進入這個用餐空間，可以一直維持相同的心情。

如果做到這一點，客人一定會不知不覺待得很久，加點的菜也會變多吧。

為了實現這個理想，在招聘員工時就必須費心挑選。人手再怎麼不足，也不要輕易增加打工人員；**好好雇用與店家立場一致的人才，是提高價值的祕訣。**

腦力激盪！

觀點補充

各位應該能夠理解，公司若能扮演專業的角色，將是贏得顧客信賴、提升價值的祕訣。

例如，在挑選健身房時，介紹手冊上印的若是肥胖上班族正在努力健身的照片，想必沒有人會加入吧；反之，如果介紹手冊上印的是模特兒的照片，身材好到讓人覺得「根本沒必要去健身房吧」，反而會激發顧客加入健身房的渴望。不過，仔細想想，介紹手冊上的照片與健身房的實際狀況，根本毫無關係嘛。

再舉一個例子。美容師一頭亂髮，並不表示他的技術不好，畢竟他沒辦法自己剪頭髮，還是得請別人幫忙。

像這樣，**不要破壞形象，創造專業角色，是非常重要的一點**。

MEMO

要是我的話會這麼做！

請試著將想到的點子寫下來。

重點整理

好了，讀到這裡，各位覺得如何呢？

如果能夠逐一實踐「感同身受」、「引導」、「提案」、「知識」、「角色」這五個步驟，你和顧客或是員工和客人之間的信賴感，應該會大幅提升吧。

即使其中有些項目貴公司目前無法執行也不必擔心，只要先從可行的方法開始徹底實踐，一定能夠建立彼此信賴的關係。

我將本章內容彙整為易懂的圖示，請各位翻到下一頁，複習一下吧！

4 知識

➡專家的「專業知識」+引發期待的「冷知識」，可以掌握顧客的心

→以專家身分告知必要的專業知識後，再由顧客判斷，將可建立長期的信賴關係。

→現在的顧客會把錢花在「自己期待的事物」上，因此把「冷知識」做成POP海報，能夠提升顧客的接受度。

5 角色

➡滿口蛀牙的牙科醫師沒人會去看！
琢磨自己的角色吧

→扮演「老師」引導顧客，將可獲得顧客信賴，讓顧客聽從你的建議而購買。

→「演什麼像什麼」很重要，唯有如此才能使顧客感到安心進而產生信賴。

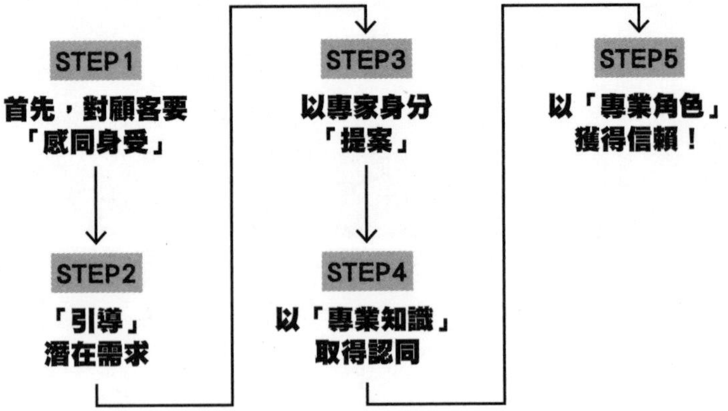
STEP1
首先，對顧客要
「感同身受」
STEP2
「引導」
潛在需求
STEP3
以專家身分
「提案」
STEP4
以「專業知識」
取得認同
STEP5
以「專業角色」
獲得信賴！

➡提升商品價值！五種提供方式

1 感同身受

➡藉由感同身受，在顧客心裡建立屹立不搖的信賴感

→以個人的身分傾聽對方的煩惱，抱持感同身受的態度，可以消除顧客的疑慮，贏得信賴。

→與顧客一起做「白日夢」，藉由相互講述夢想，讓顧客的欲求跟著增加。

2 引導

➡將顧客自己也沒注意到的潛在需求引導出來

→傾聽對方為了什麼事而困擾，引導顧客的內在需求。

→傾聽顧客的煩惱，將需求引導出來之後，將商品意想不到的使用方式推薦給顧客。

3 提案

➡賣家以親身體驗的真摯提案吸引顧客

→坦率與顧客交談，可以消除「推銷感」。

→員工所講述的親身體驗具有說服力，可以觸動顧客的心弦。

第5章

讓顧客覺得「想要」！增加「期待感」的方法

提高顧客的「期待感」，商品價值就會提升！

商品的價值會因為顧客的期待而有所改變。

舉個簡單的例子，要將一杯自來水賣給一般人，應該根本賣不出去吧；但若是賣給困在沙漠中的人，即使要他拿出所有的財產，他也會願意吧。

同理，只要顧客有意願，再貴都能賣到翻。當然，並不是真的要各位把顧客都帶去沙漠，即使不做這樣的事，**仍然可以創造出一種情境，讓顧客在不知不覺中隨時注意貴公司的商品**。

具體而言，可以採取以下五種方式。

〔提高顧客期待感的方法〕

1 **教導**

將該商品意想不到的使用方法或新觀念教導給顧客，使顧客產生興趣。

2 **體驗**

讓顧客以五感體驗商品的美好。

3 **沙龍**

創造與商品相關的社群，聚集擁有共同話題的同好。

4 **導引**

導引顧客，讓顧客可以順利、快樂地使用商品。

5 **推進**

藉由常常推出該商品的升級版，使顧客永遠不會覺得厭倦。

透過這些方式，商品的定位就不再只是「普通物體」，而是豐富顧客生活的「便利物品」，它的價值理所當然也就提升了。

提高期待感的方法 1
教導
〈第十一天〉

一旦知道，絕對想要！構思這種機制的祕訣

使顧客注意到隱藏的真正價值

所謂的「教導」，就是要告訴顧客好在哪裡。很多時候是因為顧客不了解商品的真正價值，才會不想擁有它；知道的話，他們就會想要。

例如，以前我很討厭法國電影。要說原因的話，是因為法國電影常會突然結束，讓我覺得消化不良。

然而，有一次，一個很喜愛法國電影的朋友這麼告訴我：「法國電影是取材自主角人生的一部分切片。因此，這段故事的前後如何，任憑你想像，這樣很有樂趣。」

聽了這番話之後，當我再看法國電影，就能感受到法國電影的深奧之處了，並且開始喜歡法國電影。

事實上，有一家影片出租店就活用這樣的思考方式，使得店裡業績成長。

多數客人比較喜歡租目前的熱門影片，可是這類暢銷影片的數量畢竟有限，為了促使顧客願意租更多片子，就要設法讓他們去租「沒那麼熱門，但內容不錯的好片」。該出租店具體的做法是先請打工的店員看影片，然後再將**「用什麼方式來看這部片會最有樂趣」的貼心提示寫在POP海報上**。例如像下面這樣：

一面回想初戀，一面觀賞本片，將因而感動落淚！

與男友一起觀賞的話，氣氛會很HIGH！

自從這家店實施這個做法之後，比較不那麼熱門的DVD片開始有人租借了，而且客人也說「用這種方式看影片，會覺得很好看呢」，結果獲得大家一致的好評。

我也曾有過這樣的親身經驗。以前我一直認為牙科診所是「牙痛才去的地方」，但有一次去看牙齒，牙醫將我的牙齒洗得亮晶晶，然後對我說「感覺很好吧」，自那時起，我發現牙齒潔淨是一件很開心的事。

後來，每兩個月我就會前往牙科診所洗牙，刷牙也不只早晚各刷一次，而是經常刷牙。因為刷牙頻率增加，牙刷毛常刷到開岔，所以每次去牙科診所我都會買三、四支回家。

以消費金額來說，過去我每年付給牙科診所的錢是零，現在每年則花六萬日圓左右（因為有健保給付，實際上診所收到的錢是每年二十萬日圓左右）。

像這樣，**只要將商品或服務所具有的意義告訴顧客，他們就會調整消費的優先順序，將貴公司的商品擺在前面**。

➔改變顧客的觀念

此外，還有一種方法是「改變觀念」。顧客如果對商品稍微感到興趣，就要把握機會加深他們的興趣，否則很快就會消褪。因此，**顧客一產生興趣時，要馬上教導他新的觀念**。

例如，以前曾經流行一句很棒的廣告詞：「手錶要不要也換著戴？」結果，擁有多款手錶變成一種趨勢。同樣的，眼鏡行也可以借用這個方法，將配戴眼鏡的新觀念告訴顧客。

除了一些需要常常變換造型的特定人士之外，一般人通常不覺得應該「換戴不同眼鏡」，並且會抱持懷疑：「換不同的眼鏡戴，有什麼好處呢？」因而不願意多買幾款高價眼鏡。此時，有效的做法是告訴顧客換戴不同眼鏡的優點，像是上班族可以在洽商時看起來更有自信，約會時可以讓女生不知不覺迷上你等等，**將具體的優點告訴顧客，改變他們的固有觀念**。

事實上，我認識一家眼鏡行，就是徹底運用這種思考方式來引導顧客，甚至教顧客可以把眼鏡當成配件或收藏品，結果不少顧客就在該眼鏡行一次買了好幾副眼鏡。

一個人只需要一只手錶、一副眼鏡——**如果侷限於這種舊的觀念，顧客的購買機率就不會增加**。

我曾經在一場研討會提到這個做法，結果一位經營婚慶禮儀公司的參加者提出了反對意見：「這對我們公司並不適用，因為人一生不會結那麼多次婚，葬禮如果辦兩次的話也很奇怪。」

當時，我的回覆是：「如果試著創造新觀念，例如：可以和相同對象舉辦多次婚禮，你覺得如何呢？」

對方一聽，雖然一開始有點不知所措，但是不久之後便回答：「要不要在銀婚典禮或金婚典禮再穿一次婚紗？——您認為這樣的說詞怎麼樣？」

這是很棒的點子！這年頭，甚至還有針對老人提供的化妝服務。因此，讓老人家在孩子們的守護下舉辦金婚或銀婚的慶祝儀式，這種服務應該是可行的。

正是這樣與眾不同的想法，才能不斷創造新的觀念。

！觀點補充

針對前面提到的方法，各位有何感想呢？記住：顧客是外行人。只要稍微改變他們的舊有觀念，就會激發出許多新的需求。

以前我曾因為某種機緣，上過由落語家開設的「如何聽落語」課程（譯按：「落語」是日本一種傳統曲藝，類似中國的傳統單口相聲）。

那位落語家表示：「落語的重點在於，要讓別人看起來像是真的一樣。」他告訴我們，例如「用小酒杯喝酒」這個動作，在啞劇裡並不會以手觸唇，但在表演落語時為了讓觀眾容易理解，會刻意將手指圈成小酒杯狀、觸碰嘴唇，裝出在喝酒的樣子。這番話在我腦海中留下微妙的印象，自那時起，一有機會我就會去欣賞落語表演。

在此之前，落語給我一種很古老的感覺，不由得敬而遠之。然而自從聽過了專家點明的表演技巧，我的觀念就改變了。

貴公司打算給顧客什麼樣的新觀念呢？

MEMO

要是我的話會這麼做！

請試著將想到的點子寫下來。

藉由免費體驗等方式讓顧客上癮，擄獲客人的心！

↓提供「嘗試」的機會

在腦中所預設的想法，與實際體驗後的感想，往往大相逕庭。實際使用過某項產品後，常會發現明明很好用，但在使用之前卻完全無法想像。接下來要講的就是這種類型的商品。

這類商品的廠商常犯一個錯誤：只要商品不暢銷，就立刻退縮，覺得「大概是這類商品沒有市場需求吧」，結果隨隨便便就降價。

例如，日本名古屋有一個名產「味噌煮烏龍麵」，它是在鍋燒烏龍麵裡加入濃稠的味噌。因為其他縣市的人無法想像「味噌」加「烏龍麵」的組合，所以對於在知名專賣店中，一碗麵一千五百日圓左右的高價，不太願意掏錢享用。

然而，只要我半強迫地跟朋友說「我請客」，他們在試過之後，都會相當喜歡，之後每次到了名古屋就會去吃。

像這樣的**少見商品，如果降價，其實很可惜**。因為，**它並不是沒有價值，只是顧客無法想像它的價值而已**。

我所從事的企管顧問業，也具有這種傾向。一般人對於顧問的印象都是「只不過是提供資訊給我，憑什麼要我付幾十萬日圓」？

如果此時顧問無法好好說明收費理由，不得不將費用越降越低，降到五萬日圓或三萬日圓，然而如此便宜的價格，根本不可能提供多像樣的建議。

畢竟，為了提供精準有效的建議，除了顧問的經驗之外，平常更需要做很多自我投資，例如購買相關書籍或是參加研討會等等。

我在剛開業時，沒沒無聞，再加上當時沒有任何著作，所以完全沒有人能夠理解我所能提供的價值。

所以我推動了「免費體驗一次」的活動。

請您體驗我的服務，感受它的價值，第一次不收費。

在這樣的宣傳之下，有人覺得既然不收費，就試一次看看。對此，有一個重點我非常注意：並不因為提供的是「免費諮詢」，而投機取巧、偷工減料。

結果，顧客切實感受到我的服務所帶來的價值，覺得我「並不單單只是提供資訊，而是能夠和顧客一起思考，如同合作夥伴一般」，願意以不算便宜的金額，與我簽下顧問契約。

像這樣，**若是商品價值無法立即發現，就請顧客嘗試一下，這是很重要的。**

↓請顧客參與「升級體驗」

對於目前的商品，**如果顧客已經能夠感受其價值，那麼就請顧客體驗更高等級的商品，這個做法很有效果。**

以飯店為例，它會因顧客的需求不同，產生完全不同的價值。如果需求是「只要找個可以睡一晚的地方就好」的人，當然會希望價格越便宜越好。

直到不久前，我自己的想法也是「只要能睡就好，何必為了住宿支付一萬日圓、兩萬日圓這麼多錢」，所以出差時我會盡可能預訂便宜的飯店。當然，都是只放得下單人床的房間。想當然爾，服務差強人意，房間又小，日用品也不充足，這些事讓我更加覺得飯店的價值很低。

然而，某次飯店免費幫我升級成兩張單人床的房間，那個房間的空間感，讓我感到訝異，並且讓我當下覺得，自己以往住宿經驗的不愉快，會不會是因為訂了太小的房間呢？

從那時起，每次出差我一定會訂兩張單人床或一張雙人床的房間。接著為了追求更高的舒適感，現在我還從商務飯店升級到都會飯店。當然，價格比以前多了二至三倍，卻帶給我「飯店是一個可以奢侈運用家裡不可能擁有的寬廣空間，好好放鬆身心的場所」的感覺，所以一點也不覺得昂貴了。

雖然不能因而斷定「便宜沒好貨」，但有不少例子都是由於買了便宜貨，感受不到價值，於是更加想找便宜貨，陷入惡性循環。因此，應該設法讓顧客體驗高品質的東西，讓他們感受到「貴雖貴，但更有價值」。

舉例來說，可以舉辦一個「以單人房價，享受最高級的蜜月套房」的活動，雖然要做好虧錢的心理準備，但應該可以帶來不錯的效果。

雖然我不曾有過被升級成蜜月套房的經驗，但藉由這種定期舉辦的活動，應該可以促使享受過蜜月套房的客人繼續前來住宿。

即使他們不住蜜月套房，或許也會開始住雙人房或三人房。如此一來，客單價就會提高。

這種**讓顧客親身體驗的效果非常好**，因為它抓準的是人們「**由奢入儉難**」的習性。

腦力激盪！

觀點補充

人類是具有五官感受的生物，**與訴諸理性比起來，刺激顧客的五官感受會有效得多**。

日前我買了一輛車。在買車之前，我的想法是：目前為止我的車都是3開頭的車牌（譯註：在地域名稱後以3開頭的車牌，例如3X或3XX，指大型房車），進不了立體停車場，所以打算要換一台小一點的車。

但是在試乘過後，小車的空間實在是太狹小了，結果我還是買了車牌3開頭的車。

再舉一個例子。

我第一次去國外旅行時，代辦的旅行社店面剛好放著經濟艙與商務艙的座椅模型，看到之後，我發現原來飛機經濟艙的座椅空間比新幹線的座位還窄，就連忙改為商務艙了。結果因為坐起來實在非常舒服，所以下定決心，往後出國一定要坐商務艙，不然我就不去。

貴公司有什麼產品可以提供顧客這類親身體驗呢？

MEMO

要是我的話會這麼做！

請試著將想到的點子寫下來。

提高期待感的方法 **3**
沙龍
〈第十三天〉

顧客的「交流場所」具有強大力量，要善加利用

「同好意識」可以抓住顧客的心

所謂的沙龍，在這裡指的是「**同好聚集休息的場所**」。有什麼新東西想要嘗試時，如果只有自己一個人，一方面熱鬧不起來，另一方面也難以持續。如果此時**有沙龍這類場所，就有可以交流的同好了，然後就會不知不覺迷上這個地方**。

例如，稅務會計事務所可以聚集委託服務的老闆級客戶，以「節稅的思考」為題，定期舉辦沙龍講座。稅務會計每個月可以「如何巧妙節稅」為題演說，老闆們再以此為基礎，與其他參加者一起思考自己的公司如何節稅。

經過一輪討論後，下次講座題目可以改為「如何與銀行往來」或是「如何訂定不會失敗的事業計畫」，藉由不斷增加主題，舉行**經常性的活動**。

此外，可以在提供稅務服務的事務所裡，邀請「善於節稅的公司」、「善於與銀行交涉的

公司」、「善於訂定事業計畫的公司」經營者，與大家分享成功的祕訣，**藉由讓參加沙龍的人成為主體，不斷匯集人氣**。

這個做法會引發大家「下次我也想在沙龍發表成功實例」的想法，而稅務會計也會接到越來越多「希望提供與銀行交涉的具體建議」的要求。

至於向來始終覺得「稅務會計不過是指導記帳而已，一個月竟然要收三萬日圓」的公司，由於在沙龍學會了活用稅務會計的新方式，可以找許多人商量，也可以享受與團體成員的經驗交流。

這麼一來，他們對於顧問費的看法就會完全改觀，即使未來提出漲價的要求，他們也會很乾脆地接受。

事實上，一位和我有往來的稅務會計，已經成功做到這點——**由於客戶們彼此之間相處得很融洽，所以都和他簽訂了長期顧問契約，而且即使要求漲價，也可以順利被客戶接受。**

想要永遠掌握顧客的心，最重要的一點是：不只要維繫公司與顧客之間的關係，也要創造顧客之間的關係。

以「活動＋商品」的相乘效果提升營業額

另外還有一種方式，就是**為沙龍本身創造價值，一方面從中獲取利潤，另一方面又可藉此引導顧客購買公司的商品**。也就是說，**不是先銷售商品，而是從活動之中開始推廣**。

某家日式料理店會定期舉辦饕客聚會，進一些平常不會進的食材（例如一整條鮪魚），在顧客面前料理，再請顧客享用。

由於是在網路上徵求饕客，所以前來的是全國各地的美食愛好者。雖然這個活動乍看之下似乎很費工夫又賺不到錢，事實上卻並非如此。

首先，由於活動是在公休日舉行，所以不會因而流失平日顧客帶來的營業額；加上採取的是預約制，費用由參加者平均分攤，所以也不會虧錢。

此外，由於只要由老闆自己來料理就夠了，不需要支付多餘的人事費用。也就是說，**毛利幾乎等於全部的利潤**。

其中最棒的是，參加這項活動的人，回去之後會很想和朋友分享現場的情形，而且會在不辦活動的日子也持續光顧這家店，或是與當時結識的同好們變得越來越熟絡，常常聊起和這家店有關的話題。這樣一來，**口碑就漸漸擴大了**。

這家日式料理店藉由這個活動，創造同好聚集的環境，所以每次舉辦都是座無虛席。而且每舉辦一次，平常日的顧客也會隨之增加。同時，在活動過程露面的「好手藝廚師」也更容易受到矚目，經由媒體報導的推波助瀾，得到更高的評價。

這個方法是以「創造顧客相互交流的場所」作為開始，終極目標則是提升店家的價值。

如同前面所提，**沙龍具有強大的效果，因此無論如何都應該找時間試辦看看**。

腦力激盪！

！觀點補充

我真的十分推薦沙龍講座這類活動，而且我自己主持的「吸引高消費力顧客實踐會」，定期活動之一就是沙龍講座。

一方面，它可以讓大家在「吸引高消費力顧客」的共同觀點下，發表各自實踐的成果；另一方面，也讓大家可以彼此商量經營層面的煩惱，使得每個人的問題都能在一眨眼之間就獲得解決。

每舉辦一次，我就深深感動一次。這群經營者都確實運用了我的「吸引高消費力顧客行銷理論」，只要聚集十個人以上，點子與動能就會變得很強，根本不是我比得上的。對於擁有這樣一個交流場所，會員們也都表示感謝。

不要只靠自己公司的力量勉強招徠顧客，像這樣打造一個顧客們交流的場所，將會獲得更好的效果。

MEMO

要是我的話會這麼做！

請試著將想到的點子寫下來。

藉由巧妙的跟催，發掘顧客的潛在需求

往往需要某種契機，人們才會願意嘗試新的事物；有時甚至不只需要一、兩個契機，而是需要多個契機累積在一起，才肯嘗試一直以來不曾考慮過的事。

例如，一個經常出席幾十萬日圓商業研討會的經營者，最初的契機很可能是朋友介紹他看了有趣的商業書，或是偶然在某次經營者的聚會上，體驗了一場對自己有幫助的研討會。像這樣刻意導引、產生契機，就是接下來要介紹的「**導引**」手法。

就以牙科診所為例吧。

↓藉由「諮詢」發掘潛在需求

很多人對於牙科診所的印象仍然是「治療蛀牙的地方」，若是在競爭不激烈的情況下倒是還好，然而**一旦競爭漸趨激烈，就必須發掘更多的需求、開拓更廣的客源**。

所謂的「更多的需求」，包括「潔白的牙齒」、「清新的口氣」等等，並不是基於去除疼痛，是要讓自己感到更舒服。這種需求確實存在，東京都會區甚至設立了如同美容沙龍般的高級護牙機構。

就算如此，一直以來都是以治療蛀牙為主要營業項目的診所，突然在網站等媒介告訴大家「來做牙齒美白吧」，感覺上也有點勉強。

比較自然的做法是，當病患因牙痛來看診時，趁機告訴病患：「不想再蛀牙了吧？如果是這樣的話，要不要定期來檢查牙齒呢？」也就是先以「下次不想再這麼痛了」的想法做為切入點，再慢慢透過諮詢的方式，發掘出「想不想擁有潔白的牙齒與清新的口氣呢？」等潛在的需求。

這個方法，各行各業都行得通。

不過，如果光是詢問顧客的表面需求，無法帶來效果。**必須以「您覺得，想要徹底解決讓您感到困擾的問題，應該怎麼做才好」這樣的問法，一面與顧客交談，一面誘導他找出真正的解決方案，才是真正有效的諮詢方式。**

↓藉由電子郵件或寫信個別跟催

此外，可以用**間接導引顧客**的方法，也就是以電子郵件持續跟催。

舉例來說，有一位朋友在網頁製作公司工作，他告訴我，設立網頁的風潮似乎已經過去了。這麼一來，想要持續提高業績，就必須仰賴已經擁有網頁的客戶不斷更新網頁了。

客戶的需求改變得很快，只要想想逛街的女性就知道了——在珠寶店時，這些女性腦中想的都是項鍊，但只要一走出店門口，看到對面的服飾店陳列了好看的衣服，她們的注意力又會立刻被吸引過去。

同理，為客戶完成網頁後，如果只是告訴客人「還需要什麼的話，請再通知我們」，此後便置之不理的話，客戶就會開始對別的東西感興趣，把錢花在其他地方。因此，重要的是必須持續提供增加網頁點閱數的方法、設置部落格、網路集客行銷等，定期寄發電子郵件給客戶，提供各種新的資訊，並加以跟催，才能持續取得客戶後續的訂單。

無論是什麼樣的行業，只要能夠率先發掘顧客的潛在需求、透過電子郵件跟催，就能持續取得訂單。

此外，在時間和人力許可的情形下，盡量不要大量寄發內容相同的電子郵件，而是**以適合每位顧客的形式，逐一寫下郵件內容**，這樣比較有效。如此一來，客戶會覺得「啊，有人這麼了解我的心情呢」、「很懂我們的需求嘛」，在不知不覺中順著你的導引，買下你希望客人購買的產品了。

補充一點，如果客戶沒有使用網路的習慣，可以用寫信郵寄的方法。

腦力激盪！

觀點補充

誘導顧客，不讓他們感到厭煩，這個做法很重要。

前一陣子，朋友邀我去體驗陶藝。那間陶藝教室的老師非常擅長引導學員——他們原本的廣告詞是「體驗價三千日圓起」，我也是看準這麼便宜的費用才參加，但是直到離開前不知為何我又多花了一萬日圓。

若要說到底發生了什麼事，只能說那裡的收費方式很不同，它讓學員自由地製作許多自己喜歡的作品，再從中挑選要燒製的，學員只要付那部分的陶土費用就好。然而我卻不由得挑了所有的作品，而且還選了比較細緻的方式燒製，所以最後多花了一萬日圓。

此外，所有一起參加的學員，沒有任何一個人只花三千日圓。即便如此，卻沒有人抱怨「好貴」，因為**大家都是在「自己同意」之下，要求對方提供更多導引**。

由此看來，那位老師確實是相當理想的導引者。

如果是你，會如何導引顧客呢？

MEMO

要是我的話會這麼做！

請試著將想到的點子寫下來。

提高期待感的方法 5
推進
〈第十五天〉

使顧客覺得「還有更多東西等著」、「期待的事正要開始」

➔藉由「STEP BY STEP」，擄獲顧客的心

人類這種動物，一旦覺得「目的已經達到了」，熱情就會瞬間冷卻下來。以英文會話教室為例，很多人認為只要英文能夠講到某種程度，就會基於獲得滿足而不再上課了。

因此，**刻意讓對方覺得「還有更多東西等著」是很重要的**。

舉例來說，小朋友深深著迷的電視遊樂器的遊戲設計，就是充分利用了這種心理——第一關結束後，一定會進入第二關，等到自己覺得總算打到結局時，該系列遊戲的第二彈又登場了，實在是非常巧妙。

同理，英文會話教室可以告訴學員「英文學到某種程度的話，可以做這樣的事」，以及「如果繼續進步，將發生這樣的情況」，**創造一個讓學員持續感到興奮期待、想要繼續上課的有趣機制**。

舉例來說，可以參酌學員的英文會話程度與上課次數，給予點數，點數累積到某個標準，就以國外旅行作為獎勵。這個做法如何呢？

這並不是單純送學員去國外旅行的企畫，而是**在裡面加入了遊戲的要素，使它超越一般的點數制度**，比較像是「依你現在的會話等級，可以去夏威夷。再多努力一點，就可以去美國西海岸，更努力的話就可以去歐洲了」。

以國外旅行作為獎勵，乍看之下或許會覺得很不划算，但是學員為了不斷提升程度，就必須繼續報名上課。只要收取了這些學費，應該足以回本吧。而且行程不需要過於豪華，只要提供陽春行程就可以了，在網路上不難找到許多這一類低價的簡單行程。

因為學員並不是以國外旅行為終極目標而學習英語，充其量只是目標之一罷了，所以旅行的內容就不是重要關鍵了。

↓利用顧客「以崇拜者為目標」的心理

不久前，美式減肥課程曾經風行一時，仔細觀察這些課程的DVD，會發現都是由一群擁有六塊肌的男女集體一邊運動，一邊向觀眾們喊著：「你也做得到！」

之所以蔚為風潮，原因之一或許在於這些猛男美女吧。事實上，就算自己的身材無法變得像DVD裡的人那樣，但只要一看到裡頭的帥哥美女，大家多少都會覺得「只要自己買了這個課程，也能夠變成那樣」吧。這就是**巧妙運用顧客「嚮往」的心理**。

舉例來說，網球訓練班會刻意培養一批受人崇拜的教練。訓練班不只教學員打網球，還會在課程裡列入「觀賞教練出場比賽」，或是安排跟教練一起喝下午茶的機會。這樣一來，學員可以藉由與教練互動的過程，了解教練為了精進網球技術，進行了哪些訓練，都在想些什麼、做些什麼，進而加深對於網球的認識與喜愛。

此外，原本只是基於「打網球很酷」的心態而加入訓練班的人，也會因為接觸了教練的人生觀與人格，漸漸成為他的粉絲，甚至進一步希望藉由網球向教練看齊。**「自己嚮往的人物形象近在身邊，因而感到滿足」**，這樣的需求確實存在。

重點在於，**教練必須成為學員渴望親近的人**。因此，必須多多製造教練與學員交談的機會，設法拉近教練與學員的距離。只要有了不起的人士在自己身邊，我們就會想要以那個人為努力的目標。

不過，很多人容易將「找名人來當客座教練」的做法和我所介紹的方法搞混。以名人為號召，固然在辦活動時會有一些效果，但如果從「為公司建立粉絲會員」的角度來看，就完全沒有效果了。

道理在於，高高在上者固然讓大家心生嚮往，卻因為太過遙不可及，無法成為努力的目標。因此，**必須創造近在顧客身邊、且能讓他們基於嚮往而激發努力的人物。**

腦力激盪！

！觀點補充

各位應該也有類似的經驗吧——**藉由創造一個目標，或是「令人心生嚮往的人物」，使顧客持續感到期待，可以帶來絕佳的效果**。

我曾經讀過某位特攝節目（譯按：指像《假面騎士》、《超人力霸王》、《酷斯拉》等運用特效拍攝的戲劇作品）腳本家所寫的專欄，文章內容大致如下：「在創造與主角敵對的對手時，基本上我都是先以火、水、土、木這些自然界的元素作為思考的切入點。例如，出現嘴巴吐火的魔人之後，接著登場的是半魚人，然後是土撥鼠怪、樹怪。直到這些對手都被打倒之後，就改成不同的型態，以天空、月亮為思考的切入點；用完之後，再朝宇宙發展，最後則推出有如神或惡魔般的角色。大致是這樣的順序。」

這麼說來，各位有沒有發現許多科幻片確實都是採取同樣的結構？當各位在構思如何使消費者期待不已的做法時，只要像這樣試著分析不同的要素，就會變得很簡單。

MEMO

要是我的話會這麼做！

請試著將想到的點子寫下來。

重點整理

好了，各位覺得如何呢？

逐一仿效「教導」、「體驗」、「沙龍」、「導引」、「推進」這五個步驟，應該會讓你對於如何留住顧客產生很多想法才是。

當然，由於廠商的型態不同，或許有些方法無法直接運用，但是只要充分掌握這些思考方式的精髓，即使只用了兩、三種方法，應該還是綽綽有餘的。

我將本章內容彙整為易懂的圖示，請各位翻到下一頁，複習一下吧！

4 導引

➡藉由巧妙的跟催，發掘顧客的潛在需求

→好好與顧客交談（諮詢），發掘潛在需求。

→以電子郵件或手寫信件個別跟催，引出需求。

5 推進

➡使顧客覺得「還有更多東西等著」、「期待的事正要開始」

→創造有趣的機制，讓顧客想要繼續下去（想要得到接下來的商品）。這種機制與電玩遊戲迷期待升級版內容、不斷購買更多遊戲的機制相同。

→創造出網球教練之類令人嚮往的角色，讓顧客想要向他看齊。

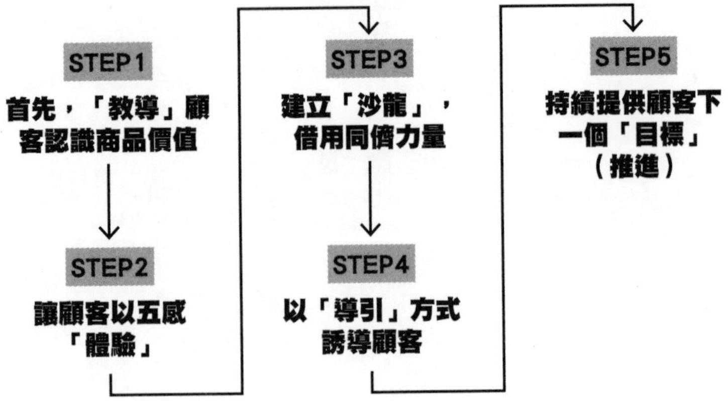

➡提升商品價值！提高「期待感」的五種方法

1 教導

➡一旦知道，絕對想要！構思這種機制的祕訣

→讓顧客知道商品或服務隱含的意義與「真正價值」。

→教導客人產品的新用法或新魅力，改變顧客的舊有觀念，進而增加購買機會。

2 體驗

➡藉由免費體驗等方式讓顧客上癮，擄獲客人的心

→提供免費體驗的機會，使顧客了解商品的好處。

→如果目前的商品已讓消費者感到滿足，就提供「升級體驗」的機會。

3 沙龍

➡顧客的「交流場所」具有強大力量，要善加利用

→設置「顧客的交流場所（沙龍）」，培育同好意識、建立顧客之間的關係，藉以穩固客群。

→舉辦活動，徵集參加者，使沙龍與商品產生連結。

第6章
這麼做一定行！「提高客單價」的三種模式

來看看提高客單價的三種模式

讀到這裡，各位是否已經學會提高商品價值的「三大要素×五種方法＝共十五項具體方法」了呢？只要知道這些方法，充分培養合適的態度，就能成為吸引高消費力顧客的公司了。

沒錯，只要表演得酷一點，在顧客眼中，商品看起來將會完全不同。只要多在提供方式上花點工夫，顧客就會「哇」地一聲感到開心。還有，只要能引發顧客的期待，他們就會成為貴公司的忠實粉絲。

接下來要做的就是配合不同的場合、狀況，將這些方法搭配應用就可以了。**透過這樣的做法，今後就能夠提供具有高附加價值的商品，不但不會被捲入價格競爭的艱困處境，顧客也會很滿意地購買你的商品，形成良性循環。**

儘管如此，對於應該如何擴大「高消費力顧客群（即使再貴也會購買的客人）」，各位或許還不是很清楚具體的做法與成功的模式。

因此，本章將以目前為止所提到的方法為基礎，針對以下三種提高客單價的模式，透過真實的故事案例讓各位了解具體步驟。

〔提高客單價的三種模式〕

1 即使漲價，顧客也會買
2 顧客會購買更高級的商品
3 顧客會大批購買

附帶一提，接下來所敘述的內容，雖然都是實際成功的案例，但是為了保護隱私權，我做了一些修改。

提高客單價的模式 1

順利漲價！

漲價的目的是什麼？

實施漲價措施，是針對高消費力顧客的行銷方法之中，最快奏效的一種。這是因為漲價提供貴公司一個絕佳的好機會，可以用來測試目前的商品，其價值是否隨著「商品以外的價值」而提高，並且能被顧客接受。

然而，事實上，每當我建議漲價，還是有很多經營者會猛搖頭。拒絕的理由大致都是「漲價這種事，我們做不到」，或是「這個道理我能理解，但要真的去做的話，就有點……」這類模稜兩可的回答。

當然，也有不少人願意漲價，而且決定得非常乾脆。

某家咖啡店的咖啡與紅茶漲了三十日圓，但他們告訴我，顧客人數不但完全沒有減少，每個月的利潤更是多了十萬日圓；某家牙科診所也說，他們將自費牙套的價位調漲一・三倍之後，自費收入已經與健保收入並駕齊驅了。還有很多類似的例子，但是說真的，我已經見怪不怪了，所以並沒有將它們一一記下來。

總之，這些店家在漲價之後，都表示「**即使漲價，顧客也幾乎沒有減少**」。實際上，在我提供諮詢的公司行號之中，**沒有任何一家因為漲價，造成經營狀況變得更糟**。

即便提出了許多成功的例子，的確仍然無法保證貴公司也能順利漲價。

不過，就算如此，我還是想要提醒各位：「與其一輩子持續守著忙碌不堪又賺不了錢的事業，不如試著挑戰看看漲價這個做法。」

我不願意澆大家冷水，但是如果貴公司始終認為「現在就是因為便宜，顧客才會來，變貴的話他們就不來了」，未來遭到自然淘汰的機率是非常高的。也就是說，漲價絕對是各位必須一試的挑戰。

漲價的故事

儘管如此，大家也都明白，漲價並不是嘴上說說那麼簡單。正在閱讀這本書的你，心裡或許正承受著理想與現實的天人交戰吧。這是很正常的。

因此，我要告訴各位一個故事。接下來，請各位在閱讀的時候，將自己想成是故事的主角就行了。

某家日本料理店的老闆，每天都要去市場進貨，堅持店裡只賣自己的嚴選料理。因此，口碑漸漸做起來，店裡經常是預約客滿的狀態。

某天，透過一個朋友的介紹，這位老闆宮本和夫（假名）前來找我諮詢。讓他感到困擾的問題是：「忙得不得了，卻沒有什麼利潤，能不能請你設法幫我找出另一條活路？」仔細詢問之下，他表示雖然顧客不斷上門，生意很好，但是因為套餐的製作相當費時，櫃台旁的十個座位每天能輪替兩次就已經是極限了。也就是說，每天最多只能做二十個人的生意，幾乎沒有利潤可言。

聽完之後，我先請宮本先生提出他自己的解決方案。他說：「晚上忙得不可開交卻還是賺不到錢，我想不如白天也開門營業好了。」對此，我提出「高消費力顧客行銷」的思考方式。

也就是說，**如果白天也營業，確實可以增加些許營收，但是隨之而來的人事成本也會增**

加，結果既賺不到錢，也會因為變得更忙，導致無法做好晚間的料理準備，失去了對料理的堅持。我告訴他，這麼做會有很大的風險，**反而失去原本具有高消費力潛力的顧客**。

我建議他不要白天營業，而是**調漲晚間的套餐定價，聚集真正了解本店價值的人，使他們成為一個社群（沙龍↓參見159頁）**，這麼做比較好。

然而老闆宮本先生的表情陰鬱了起來，對我這麼說：「你說的道理我能理解，但是漲價會對現在的顧客很不好意思，感覺像是背叛了他們。」

結果，事情沒有任何進展。

過了一陣子，宮本先生寄了一封電子郵件給我，裡頭寫著：「我想，還是漲價好了。請給我們一些指導。」這麼簡潔的郵件內容，風格確實相當符合不習慣使用網路的料理達人。不過，由於這封信充分傳達了他已經做好心理準備，於是我決定再跟他碰一次面。

見面後，經過仔細詢問，他主要的想法是：「考量到未來，此刻如果不漲價，這種忙碌不堪又賺不到錢的狀況仍然會持續下去。我對自己的料理很有自信，所以我決定賭賭看漲價這個做法。」

我凝視著宮本先生的雙眼，確認他已經展現非比尋常的決心。

接著，我這麼問他：「即使失敗，我也不負責唷。沒有問題吧？」

這是我提供諮詢時常用的一句台詞。像這樣故意突然拋出這句話，可以觀察對方究竟有多少覺悟。

宮本先生不知是否感受到這番話的沉重壓力，他一面吞口水，一面靜靜地說了聲「是」。雖然他仍然有點不安，但他臉上認真的表情給了我肯定的答覆。

於是，我們兩個展開了「兩人三腳」的合作方式。首先進行的是，整合家人與公司內部的想法。畢竟，就算宮本先生本人有再大的覺悟，如果身邊最重要的親人半途而廢，馬上就會被顧客看穿。

因此，我將他的家人和員工找來，當面懇談。我讓身為經營者的老闆本人，先將擬定的方針講述給大家聽：「再這樣下去也不會有未來。因此，應該主動挑戰漲價這個做法。」接著再由我向大家說明「高消費力顧客行銷」的重點——**在現有的顧客之中，可能願意接受漲價的就占了八成**。

結果，我們成功整合了大家的想法。大家都下定決心要著手推動。

再來就只剩下如何付諸行動而已。

首先，要詳細確認套餐的價格與內容。三千日圓的套餐有五道菜，五千日圓的套餐有七道菜，七千日圓的套餐也是七道菜，但是內容越來越豪華（例如，從鮪魚的下腹肉變成高級的鮪魚肚肉）。

仔細研究一年間的顧客點菜資料，我發現點五千日圓與七千日圓套餐的人數明顯多於三千日圓套餐，因此得到一個假設：刪去三千日圓的套餐應該沒有關係。

根據這樣的假設，我建議他們將五千日圓套餐調漲成六千日圓，七千日圓套餐調漲成八千日圓。然後，再重新構想出一萬日圓的套餐。

設計一萬日圓的套餐，是為了進一步提升這家店的品質。此外，要他們自行設計更昂貴的套餐，是為了促使他們發想提升套餐附加價值的點子。因此，我請宮本先生與店裡的廚師，根據這樣的價格去思考**商品的表演法**（在不改變成本的前提之下）。

最後他們想出了「**向客人詳實地說明料理食材等訊息**」的做法。也就是說，告訴客人這道料理的食材是從哪裡取得的、有什麼特點，藉由這些資訊，使它更具有價值。

由於這個做法很有趣，很快就決定採用了。接著我又出了一個新課題，要他們思考料理的**提供方式**，以及如何**讓顧客產生期待的方式**。他們煩惱了幾天，想出以下兩個點子。

首先，第一個點子是藉由與顧客的輕鬆對談，將話題自然而然地引導至下一道菜，讓顧客在聊天的過程中感受「**短暫的優雅時光**」。

第二個點子是，上回光顧時出現過的料理，只要顧客不希望再吃一次，原則上就不會出現了。而且，這一點會在介紹手冊上註明，藉此**提高顧客的期待感**。

聽到這些點子，我確信「這麼做一定可行」，因此建議他們「可以開始漲價了」。當然，突然之間漲價可能破壞顧客的心情，因此必須採取一些方法，避免這種狀況發生。

具體的做法是親筆寫一份通知，寄給常客。內容大致如下：

> **本店自十月一日起，套餐菜單的定價修改如下。**
> **我們設計了讓您將更滿意的菜單與上菜方式，衷心期盼您的惠顧。**

宮本先生雖然有所覺悟，但是內心必然相當忐忑不安吧。再怎麼說，**這不只是漲價而已，而且還是公然告知顧客漲價一事**。

然而，一切的擔憂最後證明只是庸人自擾罷了。事實上，很多顧客都基於好奇，想要知道新菜單到底是什麼內容，結果**預約名單立刻就排到三個月以後了**。而且，前來光顧的顧客有九成以上都持續再來消費，顧客人數幾乎沒有減少，並且成功提高了客單價。

以經營數字來看的話，**營收從每年五千萬日圓大幅增加到七千日萬圓**，竟然增加了一千萬日圓的純利。

對於這樣的結果，宮本先生開心地表示：「當時，家人和稅務會計雖然都反對，但我還是下定決心這麼做，真是太好了！」現在，為了進一步滿足顧客，宮本先生每天都全力研究料理的表演方式。

複習——順利漲價的因素是什麼？

那麼，針對這個故事的背景，我們來做一下複習吧。

首先，最重要的一點是，經營者本人必須確實理解：如果採取增加顧客人數的做法，只會經營得更辛苦。

這個故事裡的老闆也是一樣，他一開始找我商量時，雖然我們沒有立刻達成共識，但是我已經先將「增加顧客人數的做法會變得很辛苦」的觀念烙印在老闆的腦海裡了。回想起來，因為這個想法在他心裡漸漸擴大，最後讓他想要改變做法，可以算是很重要的一步。

接著，必須花費心思，好好想一想如何提升附加價值。例如故事裡的老闆想出了「向顧客說明料理的食材」，這就是應用了「故事橋段」（**故事橋段↓參見75頁**）。顧客了解食材之後，對於商品的興趣就會增加。

此外，與顧客聊天的過程裡，自然而然談起下一道菜，這是「導引」方式的應用（**導引↓參見165頁**）。誘導顧客，使客人能夠享受用餐氛圍。

還有，不提供同樣的東西，這是運用了「知識」（**知識↓參見125頁**）。發揮料理的專業知識，讓顧客享受新的味覺體驗，藉此提升他們的期待感，促使客人持續再來消費。

此外，千萬不要無預警地突然漲價，而是先與顧客取得共識，如此就能兼顧客人的感受，順利漲價了。

MEMO

感想MEMO

請自由地寫下自己的感想。

讓顧客購買「更高級的商品」！

高級化的目的是什麼？

讓顧客購買「更高級的商品」，也就是「高級化」，這個做法請各位務必試試看。**想要成功地高級化，首先要讓顧客注意到「商品的真正價值」**。引導顧客時，必須讓他們了解「並非便宜就可以了」，因為「便宜沒好貨」。

舉一個我親身體驗的例子。日前搬家，有好多家業者都提了估價單給我，一家比一家便宜。然而，當時我的感想卻是「你們難道只有便宜而已嗎？」

設法提供**價格雖高卻優質的服務**，不是比便宜來得更重要嗎？例如「**收費較貴，但保證安全地運送物品**」，或是「**貼心的後續服務**」等等，這些項目反而能夠讓顧客感到滿意、不會覺得後悔。

遺憾的是，每當問起是否有更好的服務內容時，對方都會隱約透露這樣的心聲：「我們的服務真的很完善，很想推薦給您，卻不希望讓您覺得太貴而卻步。因此我們以便宜為號召，讓您覺得划算，這樣比較好。」

如果貴公司想以「吸引高消費力顧客」為目標，絕對不能這麼做。

各位應該堂堂正正地告訴顧客：「坦白說，我們的服務確實比較貴，但是我們仍然敢於大聲推薦！」而且，還要進一步以專業的觀點，好好說明推薦的理由。

當然，千萬不要強迫推銷，而是好好地傾聽顧客的需求。只要對方有需要，就將自己的商品大方推薦給他。

我在專為牙科診所提供諮詢的一間顧問公司擔任董事一職。到目前為止，已經為一百家以上的牙科診所提供經營建議。最近，由於健保制度改變，許多診所陸續找我商量如何增加病患自費治療的意願。

這是因為健保制度改變之後，即使提供的治療方式和內容都一樣，他們所收到的費用卻比以往低了許多。這麼一來，原本非常努力經營才得以維持小賺的牙科診所變得更辛苦了，因此開始想要積極推薦病患健保沒有給付的自費項目。

我認為，對於牙科診所而言這是很好的機會。因為它是一個很好的契機，讓診所可以好好思考如何大方地推薦真正的好東西，不會受到價格的限制（擔心客人覺得太貴）。

如果病患接受治療之後，向你表示：「雖然貴，但是我很慶幸選了自費項目。」這樣一來，不就皆大歡喜了嗎？

➔高級化的故事

目前，我正以這個想法為基礎，引導牙科診所增加自費療程的項目。因此，根據其中一個實際獲得成功的例子，我要告訴各位以下的故事，讓大家了解應該採取什麼樣的步驟才能順利從健保給付項目轉移到自費項目。

茨城牙科診所（假名）已經開業第五年了。近來，就在病患增加、總算開始賺錢時，卻遇到健保制度修改的問題，利潤因此被迫減少。沒多久，診所又處於虧損狀態了。

焦急的院長決定改變向來抱持的態度——基本上都選擇健保給付的療程，如果病患願意的話，再改用健保未給付的自費診療——開始盡可能將自費項目推薦給病患。為了鼓勵員工積極向病患推薦，他採用了佣金制度，也就是一有病患選擇自費，員工就可以拿到佣金。

院長率先向病患推薦，漸漸有較多的病患選擇自費項目，雖然為數不多，但收益總算是稍微提高了。

不過，即使能夠得到佣金，員工卻不太願意向病患推薦自費項目。

院長想破了頭，也不知道為什麼會這樣。經過一段時間之後，他報名參加我的電話經營諮詢服務。

聽完他講述診所嚴峻的狀況後，我問他：「你之所以向病患推薦自費項目，是為了他們好嗎？」

他回答我：「不是，而是因為如果採取健保給付項目，病患只要負擔很少的費用。」

聽到他的說法，我不由得冒出一句「這太奇怪了……」，雖然我只是小聲地咕噥而已，可是院長似乎聽到了，以略帶怒意的口吻問我：「哪裡奇怪了？」

於是我坦白地直接問他：「既然不是為了病患好，為什麼有必要推薦給他們呢？這一點我不懂。」

我一說完，院長便以與之前迥異的態度，熱情地說明自費項目的優點。這下我才了解，原來自費牙套的費用雖然確實比較高，但是牙套看起來比較美觀，也比較不容易壞，有很多好處。

儘管有這麼多的優點，院長卻是基於「改善醫院收益」才會推薦給病患。這樣一來，病患很難產生共鳴，員工也不會跟著做吧。因此，我建議他採取以下幾種做法。

為了讓病患具備正確的知識，做出正確的選擇，要製作一份**簡單易懂的介紹手冊**。

為了使病患能夠靜下心來討論，診療前後的**諮詢時間要增加兩倍**。

要跟員工溝通，使他們了解這麼做不是為了提升診所的收益，而是為了病患好，也就是展現身為醫界人士的正確態度。

對於這些建議，院長不斷回答「嗯、嗯」，似乎一邊做了筆記。然後，電話諮詢結束了。

過了一段時間，那位院長寄了電子郵件給我，內容寫著：「我按照您的建議去做了，結果願意接受自費療程的病人漸漸增加了。未來我也會照著這樣的方向繼續努力。」

我想要進一步詢問他詳情，剛好那位院長參加了某場由我擔任講師的研討會。研討會結束後，由於還有一點時間，我便向他請教實際的狀況。他告訴我，他是依照以下的步驟推動的。

首先，製作一覽表，讓病患能夠清楚了解。簡單來說，就是寫出自費與健保的優缺點，同時也寫出自費項目的各種等級，將全部的優缺點都詳盡列出來。

一覽表完成之後，原本抱持「自費好貴，健保給付就夠了」這種想法的病人，漸漸覺得「不用自費項目的話，以後似乎會後悔」，願意改採自費項目了。

此外，也有一些病人因為不知如何選擇，來找醫生商量，最後都因為醫生建議「預算許可的話，不妨盡量挑選自費項目」，決定選擇自費。

提供充裕的諮詢時間是其中很重要的關鍵之一，因為這樣一來，病人就能夠靜下心來做決定了。

關於這一點，我想各位應該都有類似經驗——仰躺在牙科的診療椅上，此時醫生的聲音從上方傳來，不論內容是什麼，多少都會讓人產生「接受命令」的壓迫感。如果延長諮詢的時間，那麼病人就可以好好坐在椅子上，一面看著醫生的表情，一面聽他說話，心情自然而然就會放鬆，並且冷靜做出判斷了。

此外，因為誠懇地與診所員工溝通，彼此之間的誤會也化解了。這些員工原本似乎認為：「我們明明是在為病患努力，院長卻只想著錢……」後來得知是為了病患著想，他們也就漸漸願意向病人推薦自費項目了。

至於今後的課題，我想就在於員工能否推薦得更巧妙、達到和院長相同的程度了。

為了讓病患在事前就了解自費項目的優點，診所也開始發行小型刊物，藉此讓病患先具備一些知識。

最後，院長一面搔著頭，一面對我說：「還有堆積如山的問題要解決哩。」離開了研討會的會場。

➔複習——高級化的成功因素是什麼？

那麼，我們來分析一下這個案例成功的原因吧。

首先，最重要的一點是，向病患推薦比較貴的東西，是為了病患好。雙方都必須確信這一點。這樣一來，就可以大方地推薦商品了，對方的印象也會完全不同。

這個方式適用於所有企業。**若是不能讓對方確信「雖然很貴，但買它是為了您好」，就會產生「強迫推銷」的感覺**。如果對方非常排斥這種感覺，不是當場離去，就是會去選擇便宜的產品。

接著，將產品內容做成一覽表，便於病患了解，也很有幫助。這是「吸引力」的應用（**吸**

引力↓參見69頁）。即使是同一項商品，由於呈現的方式不同，就會讓人覺得那是截然不同的東西。這個故事就是個好例子。

不要只寫一些專業術語，而是要盡量貼近病患，讓他們能夠了解自費療程的好處。一覽表就是相當出色的方式。

此外，延長諮詢時間則是運用了「感同身受」（**感同身受↓參見107頁**）。與病患站在同一個立場，為病患設想。只要能夠採取這種態度，對方就會感到窩心。

最後則是與員工的溝通，這是「打造沙龍」不可或缺的一步（**沙龍↓159頁**）。未來想要讓病患參與沙龍，診所內部必須先達成共識才行。

今後，診所應該持續努力下去，建立病患之間可以互相交流的沙龍聚會。

MEMO

感想MEMO

請自由地寫下自己的感想。

提高客單價的模式 3

讓顧客大批購買！

大批銷售的目的是什麼？

希望各位務必做到「大批銷售」，這是提高客單價的一個重點。大批銷售指的並非顧客只喜歡貴公司某件商品，而是「只要是貴公司的商品都喜歡」。

相對來說，如果只是以單品形式賣掉一、兩件商品，不過只是代表貴公司「碰巧」有顧客想要的商品而已。

高消費力顧客行銷的所有方式之中，效果最好的就是「**只要是貴公司銷售的任何商品，顧客都想要**」。

舉個最簡單易懂的例子，請各位想像一下偶像藝人的狂熱粉絲們。只要是偶像藝人身上穿過的、用過的，他們不是全都想要嗎？

姑且不論偶像藝人，相信大家也有這類經驗吧——對於自己喜歡的電影，不僅是內容介紹手冊，就連海報、公仔、裝飾品等周邊商品，全部都會買回家。

同理，如果貴公司推薦的產品，顧客願意一口氣全部買回家的話，他們就是你的高消費力顧客了。

順帶一提，**只要採取高消費力顧客行銷，往往會自然而然產生大批銷售的現象**。

➜ 大批銷售的故事

我所主辦的研習會裡有形形色色的參加者，其中有個參加者是經營改建公司的村上修司先生（假名）。他的公司員工人數不多，所以他每天都很忙，經常需要親自外出跑業務。

在一次研習會中，我講了這樣的話：「由於顧客是外行人，**我們如果能以專業立場，將新的觀念帶給客人，對方會感到很開心**。當然，不只是開心而已，也會連結到銷售行為。」

這當然是高消費力顧客行銷的基本概念。聽到這番話，村上先生立刻開始思考各種點子，然後將這些點子畫在素描簿上，拿給我看。他問我：「如果做出樣品屋，讓顧客看到房子未來的模樣，這個做法如何？」

這個點子當然是可行的。不過，很可惜，如果考量到成本問題，樣品屋的製作實在不符合效益。儘管如此，由於這是積極採取行動的村上先生好不容易才想出來的點子，我實在不忍心就這樣潑他冷水。

此時，我突然注意到他的素描簿。由於畫得很好，我不由得問他：「這是村上先生自己畫的嗎？」

村上先生說：「嗯，是我畫的……」

聽到他的回答，我靈光一現。

我問他：「村上先生，這樣子的素描，您可以很輕鬆地畫出來嗎？」他回答：「嗯，我想可以。」

那就好辦了。我所想到的方法是，對於潛在的顧客提供新的服務：透過手繪，將理想的改建方式畫給客戶看。當然，簽不簽約仍然取決於客戶本身，但是當他們看過之後，應該會產生「真想簽約」的強烈感受吧。

對於顧客，如果什麼都不做，那麼這些客人通常會再找其他公司談。重點在於時機與運氣。然而，如果想要吸引高消費力顧客，就不能只憑時機和運氣。

說服客戶跟自己的公司簽約，這是非常重要的。對此，我所建議的方法是「**把理想的改建**

方式當場畫給客人看」的服務。

站在客戶的立場來看，比起請你馬上開出估價單，這種做法當然會讓他們的心理放鬆許多，因為這只是要你畫圖而已。不過，實際畫出來之後，可以想見效果勢必不錯。

這是因為，即使客戶的腦袋裡隱約有了改建後的理想模樣，但由於那些想像模模糊糊的，無法化成清晰的形貌。此時，如果能夠將它畫在紙上，客戶看了之後，模糊的印象就能夠變得更加具體。

我告訴村上先生，只要這麼做，不就能夠使效應連結到估價單上，最後再連結到合約嗎？聽了之後，他躍躍欲試。

此外，他還說：「我很想設法提高簽約率，因此已經做好了心理準備，想說乾脆來個苦肉計，蓋一棟樣品屋出來。沒想到，素描的方式不但更有趣，還可以馬上完成。今天來到這裡，真是太好了。」

後來實行的成果如何呢？

就結果來說確實大為成功——原本總是以「過幾年之後再說吧」當作藉口的客戶，現在都主動向村上先生表示「馬上就想動工」；而且雙方一起畫出素描圖之後，增加了親密的感覺，簽約之後的溝通也進行得很順利。還有，關於本節的主題「大批銷售」、追加訂單，據說也增加了。

前面兩種成果我原本就預料到了，但最後的大批銷售、追加訂單，就出乎我的意料之外。因此，我詢問村上先生為什麼會收到這種效果，背後的具體因素是什麼？他給了以下的答案。

顧客會有一種「希望盡可能便宜」的心情，抱持著「不需要的東西就盡可能排除」的態度。然而，採取「先素描給你看」的方式之後，**顧客的警戒心就立刻解除了，而且由於自己的理想漸漸成形，他們在開心之餘，會希望你將他們各種想到的東西都畫出來**。

結果，光是在估價階段，顧客就始終保持高昂的情緒，有的人會決定花更多預算，有的人則是一開始先刪掉一些項目，但後來又覺得全部都做也沒關係。

藉由這樣的做法，每件案子的簽約金額都增加了。因為彼此具有深厚的信賴基礎，村上先生可以有效率地完成客戶委託的工作。對他而言，這份工作做起來既快活又有成就感。

↓ 複習——大批銷售的成功因素是什麼？

那麼，先來分析一下本案成功的祕訣吧。

首先，最重要的是把顧客的理想具體化，將想像畫成圖案，這是一種「感同身受」的運用（**感同身受↓參見107頁**）。

此外，讓顧客先看見原本必須等到完工才能得知實際樣貌，就是「體驗」方法的應用，這是提供給顧客的模擬體驗（**體驗↓參見152頁**）。

然後，再以專業的知識擔任「導引」的角色，使客戶產生濃厚興致，形成一個促使他們不斷追加訂單的機制（**導引↓參見165頁**）。

MEMO

感想MEMO

請自由地寫下自己的感想。

重點整理

這個章節介紹了提高客單價的具體案例，各位腦海是否浮現更多想法了呢？

為了使各位易於了解，所以我將它們分成不同的類型，實際上，漲價、高級化與大批銷售其實是可以同時達成的。順利漲價之後的日本料理店，也做到了高級化，顧客也不斷追加點菜。由於毛利較高的酒類賣得特別好，利潤結構也變好了。

此外，成功達成商品高級化的牙科診所，當然也因為強調牙齒的保健，牙刷等商品開始熱銷，之後如果想要提高自費項目的價格應該也沒有太大問題吧。

至於實現大批銷售目標的改建公司，藉由與客戶建立的互信關係，也使顧客不再到處比價，實質上就等於順利漲價。

就像這樣，最後這些案例的經營模式都呈現良性循環。

請貴公司務必根據之前的十五種方法以及這個章節的個案研究，好好思考如何實踐、找出具體做法。

➡成功提高客單價！十五種方法

商品的表演法

1. 吸引力
2. 故事橋段
3. 強調特色
4. 推薦
5. 稀少化

提供商品的方法

1. 感同身受
2. 引導
3. 提案
4. 知識
5. 角色

提高期待感的方法

1. 教導
2. 體驗
3. 沙龍
4. 導引
5. 推進

第7章

沒注意到這些地方就會失敗！心理的陷阱

什麼是絆倒你的「心理陷阱」？

五種心理陷阱以及解決方式

目前為止，我介紹了十五種提高客單價的方法，以及具體的個案研究。如此一來，應該已經無懈可擊了。不過，各位在實際操作時，有時會陷入幾種心理陷阱。

這些心理陷阱包括以下五項：

1 就是不敢漲價
2 解說時不知不覺變得太專業
3 誤以為「商品相同，價格當然也應該相同」

4　不知不覺就推薦便宜貨給顧客
5　總是鎖定有錢人

接下來，我會一邊說明，一邊提出解決方案。

陷阱1　就是不敢漲價

「說什麼都不敢漲價」是很常見的狀況，這類經營者似乎強烈覺得「漲價對顧客不好」。確實，沒有顧客會聽見「漲價了」而覺得開心，況且莫名其妙地不當漲價也不是一件好事。

不過，**如果是長期為了顧客著想的話，還是應該積極地適度調高價格**。

理由在於，想要持續提供顧客出色的商品，商家就必須賺取適當的利潤。如果一直打折，導致自己最後撐不下去的話，就本末倒置了。

藉由漲價，從顧客端獲取適當利潤，再將賺來的這些錢好好地提升商品的附加價值，實踐吸引高消費力顧客的行銷方法，讓顧客越來越滿意。這不正是一種長期為顧客著想的做法嗎？

只要確實抱持著這樣的想法，**當你適度地調漲價格時，就不會有任何罪惡感了**。

陷阱2　解說時不知不覺變得太專業

廠商賣力說明，希望顧客能夠感受到商品價值，但有時候不管怎麼說明，顧客就是無法感受。會造成這種狀況，往往是**由於解說內容太過專業，導致顧客無法理解**。

由於找我做企業諮詢的對象各行各業都有，我經常碰到從來沒聽說過的行業類別。因此，我會先詢問經營者，他所從事的行業實際在做些什麼，但他們的說明總是讓我一頭霧水。

即使跟對方說：「不好意思，能不能用外行人也能聽懂的方式，再解說一次您的行業內容？」結果，我還是一樣無法理解。

如果連我聽了也無法理解，一般顧客應該更不可能理解吧。到目前為止，根據我的經驗，這些人自覺「很好懂」的說明，實際上艱澀的程度是一般人能夠理解的十倍左右。

因此，我必須將這個經驗告訴經營者，請他們**將艱澀程度削減十分之一**之後再告訴我，我才總算能夠聽懂。同理，唯有再進一步簡化這些內容，才有可能清楚地將產品價值傳達給顧客知道。請注意：並不是顧客無法感受到商品價值，而是解說得太難了。如果是因為這個原因而錯失掌握顧客的大好機會，那就真的太可惜了。

請務必先體認「必須將難度再削減為十分之一」的重要性，重新挑戰一次看看。

➔陷阱3　誤以為「商品相同，價格當然也應該相同」

很多人常問我這個問題：「雖然你一直說『高消費力顧客行銷』，但既然商品都相同，在某種程度上不就必須參考同業訂定的價格嗎？」

完全沒有這個必要。道理很簡單，只要創造商品的附加價值，顧客就會覺得你的商品與其他同業完全不一樣。

舉個容易理解的例子：如果在一家沒有座位、只能站著吃的壽司店附近，開了另一家每盤定價都是一百日圓的迴轉壽司店，那麼，原本那家站著吃的壽司店，非得把價格調降為一百日圓不可嗎？

答案當然是否定的。因為，會到迴轉壽司店用餐的顧客，與前往站著吃的壽司店用餐的顧客，二者選擇餐廳的目的是截然不同的。

在站著吃的壽司店，可以滿足客人「一面與壽司師傅聊天、一面享用美味壽司」的需求；

在迴轉壽司店，則是滿足「和小孩一起享用」的需求。

就像這樣，雖然兩家賣的都是壽司，**顧客來店的需求卻完全不同**。

同理，如果貴公司實踐高消費力顧客行銷的手法，你創造出來的需求，就會和其他同業完全不一樣。

請記住：顧客是基於想要「聽故事」、想要一起「做夢」、想了解「新的觀念」的心理，才會來到貴公司。只要了解貴公司商品所具備的附加價值，就能明白完全沒有必要受限於同業價格。

陷阱4　不知不覺就推薦便宜貨給顧客

不知不覺就推薦便宜貨給客人，是我經常聽到的狀況。事實上，這種做法不過是從單一面向看待顧客的需求而已。

確實，如果是以「減少顧客花費」的面向來看，推薦便宜貨給顧客有其道理。但客人要的難道只是便宜就可以了嗎？

我來舉個容易理解的例子。

假設你因為某種疾病住院，必須動手術，手術內容分為「上等，十萬日圓」、「中等，七萬日圓」、「普通，三萬日圓」三種，你會選擇哪一種？假設越貴的等級越不會痛，後遺症也越少的話。

我會毫不猶豫地選擇十萬日圓的等級。當然，如果我怎麼也籌不出費用，又完全借不到錢的時候，只好哭著選擇普通的那種了。

這樣一想，就能明白顧客並不是只要便宜就夠了。

姑且不論客戶的預算有多少，**先仔細地為客戶提供解說，將你基於專業而推薦的商品，大方地告訴他們**，這一點很重要。如果說明之後，顧客還是選擇便宜的品項，那就沒辦法了。

記住：不是便宜就好，能夠滿足顧客的整體需求才是重點。

↓ 陷阱5　總是鎖定有錢人

「不知不覺之中，總是只向看起來有錢的顧客推薦商品。」

我常常聽到這樣的例子，但正如本書一開始所說的，即使是有錢人，他們也不會購買自己不需要的東西，反倒是沒那麼有錢的人會想盡辦法購買自己想要的東西。

當然，如果同樣以「想要」的角度來看，有錢人買東西確實是比較乾脆，這是因為他們沒有必要討價還價。這樣的話，確實是可以特別鎖定有錢人。不過如果只重視有錢客人，將會損失許多機會。

舉例來說，最近越來越常見的狀況是新婚的年輕上班族連頭期款都沒有，就以三十年貸款買房子。光是藉由這個簡單的例子，各位應該就能深刻體會到**「有錢人才會花錢」的單純想法，將使你失去許多成交機會**了吧。

一個人「有沒有錢」與他覺得「商品有沒有價值」之間，沒有任何因果關係。有錢人只不過是買東西時決定的速度比較快而已。

結語

「忙得要命，卻根本賺不到錢。」

每天我都會聽到很多經營者這麼感嘆。對於這些辛苦的經營者，我的建議只有一個：只要提高客單價就可以了。

然而，正如本書一開始提到的，商業界普遍存在一種「客人增加＝營業額增加」的單純算式，卻幾乎沒有書籍或研討會教導大家如何提高客單價，因此業者通常無法聽進我的意見。

不過，針對前來諮商的經營者，我從五年多前就開始推廣這套方法。這些業者確實執行這些祕訣之後，最後實現了只憑藉增加來客數無法達成的豐碩成果。

看到他們的成功，我除了感到開心之外，也覺得很失望——為什麼這麼具有效果的「高消費力顧客行銷」，沒有辦法順利普及呢？因此我便決定「既然這樣，就由我來推廣吧」。

首先，我舉辦了名為「吸引高消費力顧客實踐會」的研習會。參加的會員都實施了高消費力顧客行銷，並且在會中將成果與研習會的成員互相分享。

這個嘗試相當成功，很多會員都得到不錯的成果。參考他們的成果，我寫下了這本書。

不過，「高消費力顧客行銷」的手法，目前仍處於發展階段——不，應該說，必須認為它「仍在發展」才行。因為，如果本書所寫的行銷手法變得相當普遍，促使沒有採取這個行銷方法的商家自然淘汰，等到那個時候，「高消費力顧客行銷」就必須再進化了。

今後，我希望能夠盡力提供更多超越顧問領域的服務，希望各位也能繼續精益求精。

最後，對於提供協助的各位，我要致上謝意。首先是鼎力協助本書出版的鑽石社笠井一曉先生、將本書的出版企畫推薦給鑽石社的和仁達也先生、Yumeoka LLP的各位、我最重要的各位客戶們，以及「吸引高消費力顧客實踐會」的會員。在此，我致上深深的謝意。

此外，若是各位讀者看完本書之後，開始執行「高消費力顧客行銷」，為了顧客的幸福而努力，踏出第一步，也請容我由衷說聲「謝謝」。

吸引高消費力顧客的顧問　村松達夫

參考文獻

《商品陳列》，田島義博著

《行銷學原理》（Principle of Marketing），菲利浦・科特勒（Philip Kotler）與蓋瑞・阿姆斯壯（Gary Armstrong）著

《80/20法則》（The 80/20 Principle. The Secret of Achieving More with Less），李察・柯克（Richard Koch）著

行家都該知道的高獲利行銷術：

15種方法，幫產品有感加值，再貴也能賣到翻

高くても飛ぶように売れる客単価アップの法則―「安くなければ売れない」は間違いです

作　　者｜村松達夫
譯　　者｜江裕真
社　　長｜陳蕙慧
副總編輯｜李欣蓉
主　　編｜李佩璇
行銷企劃｜陳雅雯、尹子麟、洪啟軒、余一霞
封面設計｜簡至成
內頁排版｜智聯視覺構成工作室

讀書共和國出版集團社長｜郭重興
發行人兼出版總監｜曾大福

出　　版｜木馬文化事業股份有限公司
發　　行｜遠足文化事業股份有限公司
地　　址｜231新北市新店區民權路108-3號8樓
電　　話｜(02)22181417
傳　　真｜(02)22180727
Email｜service@bookrep.com.tw
郵撥帳號｜19588272木馬文化事業股份有限公司
客服專線｜0800-221-029
法律顧問｜華洋國際專利商標事務所　蘇文生律師
印　　刷｜通南彩色印刷有限公司

初　　版｜2009年01月
二　　版｜2014年04月
三　　版｜2020年09月
定　　價｜300元

國家圖書館出版品預行編目(CIP)資料

行家都該知道的高獲利行銷術：15種方法，幫產品有感加值，再貴也能賣到翻 / 村松達夫著；江裕真譯. -- 三版. -- 新北市：木馬文化出版：遠足文化發行, 2020.09
224　面；14.8*21　公分
譯自：高くても飛ぶように売れる客単価アップの法則―「安くなければ売れない」は間違いです
ISBN 978-986-359-816-9(平裝)
1.顧客關係管理
496.5　　109009420